渤海中部生态环境监测图集
Altas of eco-environment in the
central Bohai Sea

曲克明　崔正国　主编

科学出版社
北京

内 容 简 介

渤海是我国内海，平均水深约18m，面积约7.7万km^2，滩涂辽阔。有黄河、海河、辽河和滦河等诸多河流入海，又有辽东湾、渤海湾、莱州湾三大海湾，是我国黄渤海生物资源的产卵场、索饵场、越冬场和洄游通道，也是我国鱼、虾、贝、藻及海珍品养殖的重要区域。本监测图集包含了2012~2014年渤海中部生态环境监测要素的分布图，每年度监测包括海水环境、沉积环境和生物环境等三个方面。

海洋生态环境监测是海洋、渔业管理与科学研究的前提。2012年农业部渔业渔政管理局委托中国水产科学研究院黄海水产研究所开展了渤海中部的生态环境监测工作。

本书以图集的形式反映了近年来渤海中部海域生态环境的基本状况，可为各级海洋、渔业行政主管部门和海洋、渔业科学研究人员提供数据参考。

图书在版编目 (CIP) 数据

渤海中部生态环境监测图集 / 曲克明，崔正国主编 .—北京：科学出版社 . 2016.3

ISBN 978-7-03-046807-9

I. ①渤… II. ①曲… ②崔… III. ①渤海 – 生态环境 – 环境监测 – 图集 IV. ① X834-64

中国版本图书馆 CIP 数据核字 (2015) 第 309679 号

责任编辑：王 静 李 迪 / 责任校对：李 影
责任印制：肖 兴 / 封面设计：北京图阅盛世文化传媒有限公司

科学出版社出版

北京东黄城根北街 16 号
邮政编码：100717
http://www.sciencep.com

中国科学院印刷厂印刷
科学出版社发行 各地新华书店经销

*

2016 年 3 月第 一 版　　　开本：889 × 1194 1/16
2016 年 3 月第一次印刷　　印张：19 1/2
字数：560 000

定价：226.00 元
（如有印装质量问题，我社负责调换）

《渤海中部生态环境监测图集》编辑委员会

主　编　曲克明　崔正国

编写人员　（按姓氏笔画排序）

丁东生　过　锋　曲克明　朱建新　乔向英

刘传霞　江　涛　孙雪梅　孙　耀　李秋芬

杨　茜　张　艳　张旭志　陈碧鹃　陈聚法

周明莹　赵　俊　夏　斌　徐　勇　崔正国

作 者 简 介

　　曲克明，男，1964 年 8 月生，研究员，中国海洋大学、南京农业大学、上海海洋大学硕士生导师、全国渔业污染事故审定委员会委员。主要从事渔业生态环境与工厂化循环水养殖等方面的研究。主持多项国家 863 计划、国家科技支撑、科技部农业科技成果转化资金等课题。获国家科技进步二等奖 1 次 (列 12)，国家海洋科技创新成果一等奖 1 次（列 2），山东省技术发明三等奖 1 次（列 2），中国水产科学研究院科技进步一等奖 1 次（列 2）、二等奖 2 次 (列 1、5)、三等奖 2 次 (列 6、7)。发表论文 120 余篇，其中第一作者或通讯作者 60 余篇，获授权发明专利 10 余项，出版专著 3 部。获青岛市政府特殊津贴，青岛市工人先锋，山东省有突出贡献中青年专家等荣誉称号。

　　崔正国，男，1979 年 7 月生，副研究员，上海海洋大学硕士生导师，北太平洋海洋科学组织 SG–MP/MEQ 委员。主要从事海洋渔业生态环境方面的研究。近年来，承担国家科技支撑计划、国家自然科学基金、青年科学基金、农业部、国家海洋局等各类科研课题 30 余项，其中主持 16 项，省部级以上课题 10 项，获科技奖励 6 项。公开发表论文 30 余篇，获授权发明专利 3 项，获软件著作权登记 18 项，参编专著 2 部。系全国专业技术人才先进集体、农业部优秀创新团队核心成员。获中国环境科学学会第九届青年科技奖、2006 ~ 2010 年度全国渔业生态环境监测先进个人等荣誉称号。

前　言

　　渤海是我国的内海，上承辽河、海河、黄河三大流域，下接黄海，沿岸为辽宁、河北、天津和山东三省一市所环绕。环渤海区已成为继20世纪80年代的珠三角、90年代的长三角之后中国经济的第三增长极。据统计，2006~2013年环渤海地区海洋生产总值从7619.3亿元增长至19 734亿元，年均增长速度达到22.7%。然而，近年来环渤海地区大规模的经济开发活动也给渤海生态环境和渔业资源带来巨大的压力。渤海沿岸大小入海河流百余条，陆源污染严重；建设项目开发活动频繁，滨海湿地面积锐减，渔场的"三场一通道"（产卵场、索饵场、越冬场和洄游通道）遭到破坏；过度捕捞导致渔业资源面临枯竭；近岸局部海域污染依然严重，海洋生态系统脆弱。渤海由辽东湾、渤海湾、莱州湾、中央盆地和渤海海峡五部分组成，渤海通过渤海海峡与黄海相连，最窄处仅57海里，据测算，海水交换一次需要30年以上，海水交换能力差，无法通过海水交换方法移出大量的污染物。作为世界上典型的半封闭海之一，渤海已成为我国四大海区中生态环境最为脆弱的海域。2011年6月蓬莱19-3油田发生的严重溢油污染事故，给渤海生态环境和渔业资源造成严重影响，极大破坏了渤海的生态服务功能，已引起了政府和社会各界的高度关注。2012年，农业部渔业渔政管理局启动了"渤海渔业生态环境监测评估"项目，委托中国水产科学研究院黄海水产研究所开展了蓬莱19-3油田溢油污染区域以及周边产卵场、索饵场、洄游通道和水产种质资源保护区等重要渔业水域渔业生态环境跟踪监测和调查工作，科学、准确地评估渤海中部的生态环境质量变化情况，研究成果对于促进渤海渔业生态环境保护和渔业资源可持续发展具有重要的科学价值与现实意义。

　　项目实施以来，农业部黄渤海区渔业生态环境中心承担了海上调查、样品分析、数据分析、图件绘制和报告撰写等研究任务，本图集是中心全体科研工作者共同努力的成果，在此深表感谢。特别感谢农业部渔业渔政管理局、农业部黄渤海区渔政局、中国水产科学研究院、辽宁省海洋水产科学研究院、山东省海洋资源与环境研究院、河北省海洋与水产科学研究院和天津市渔业生态环境监测中心等单位领导和专家对本图集出版给予的大力支持。

　　由于编者水平有限，研究工作尚需继续深入，书中难免存在纰漏、错误之处，恳请广大读者批评指正。

编　者

2015 年 7 月于青岛

目　录

1　2012 年渤海中部生态环境监测

2　2013 年渤海中部生态环境监测

3　2014年渤海中部生态环境监测

渤海中部生态环境监测图集

Altas of eco-environment in the central Bohai Sea

2012 年渤海中部生态环境监测

Distributions of eco-environmental monitoring factors
in the central Bohai Sea in 2012

1.1 海水环境

1.1.1 温度分布图

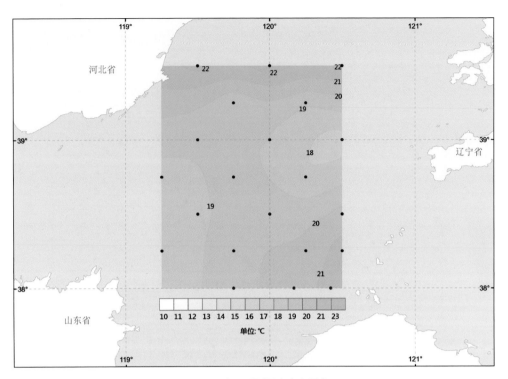

1-2012年6月温度（表层）

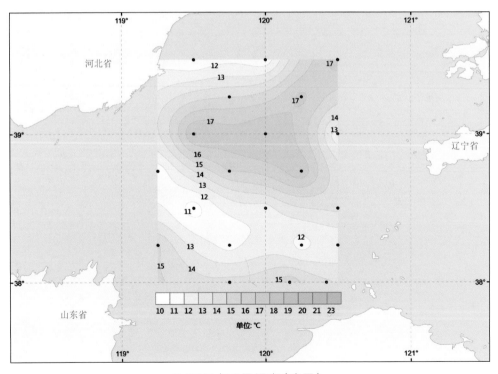

2-2012年6月温度（中层）

注：中层指10m层

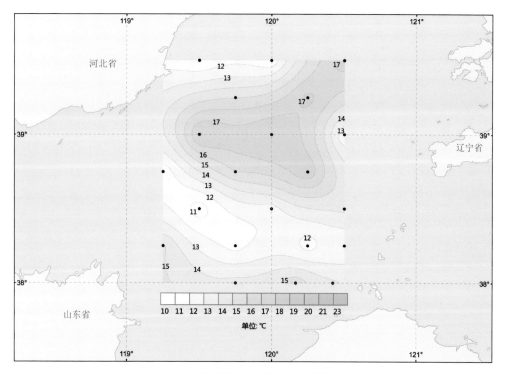

3-2012 年 6 月 温度（底层）

1.1.2 盐度分布图

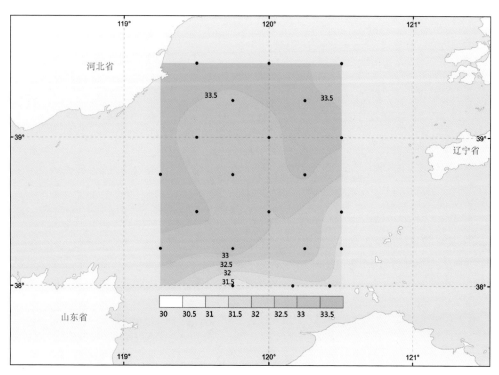

1-2012 年 6 月 盐度（表层）

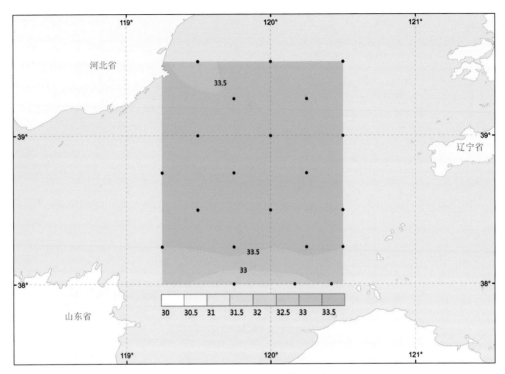

2-2012年6月 盐度（中层）

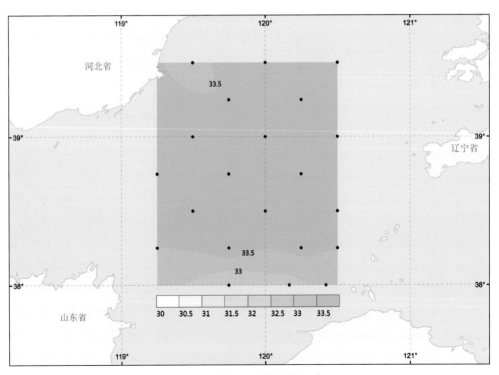

3-2012年6月 盐度（底层）

1.1.3　pH 分布图

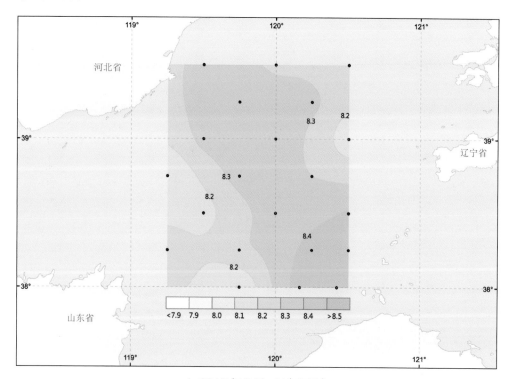

1-2012 年 6 月 pH（表层）

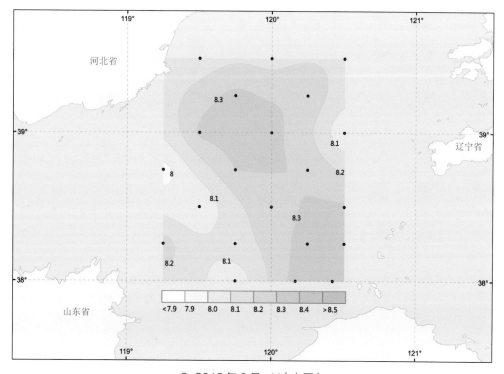

2-2012 年 6 月 pH（中层）

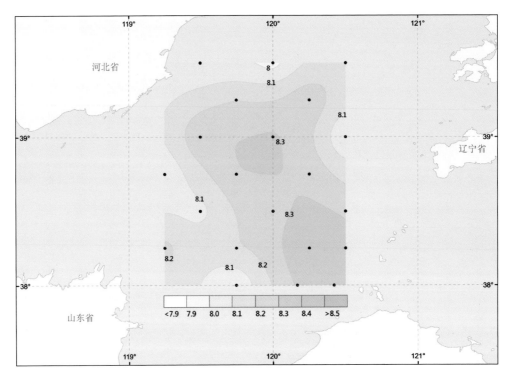

3-2012 年 6 月 pH（底层）

1.1.4 溶解氧分布图

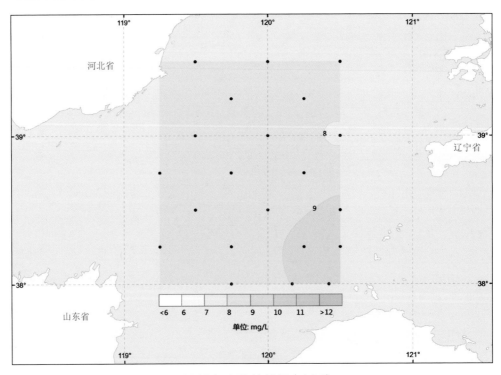

1-2012 年 6 月 溶解氧（表层）

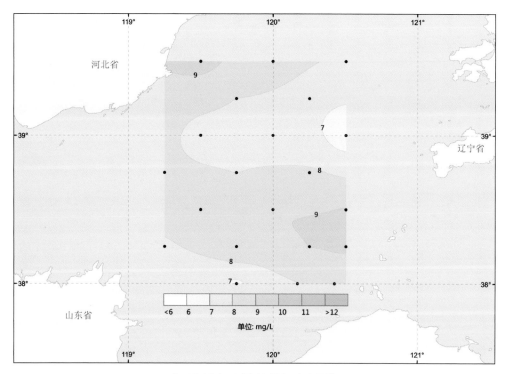

2-2012 年 6 月 溶解氧（中层）

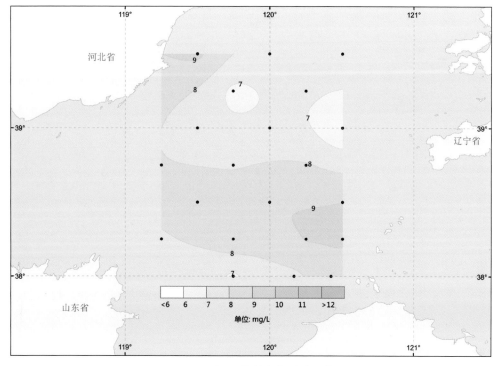

3-2012 年 6 月 溶解氧（底层）

1.1.5 化学需氧量（COD）分布图

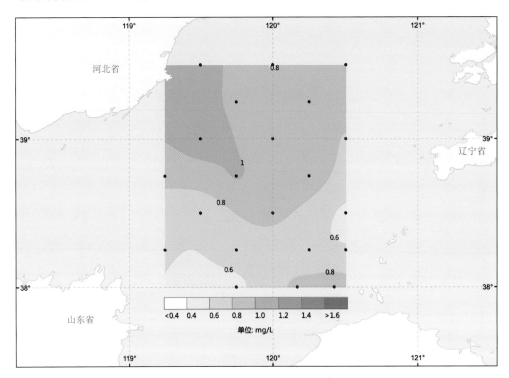

1-2012 年 6 月 COD（表层）

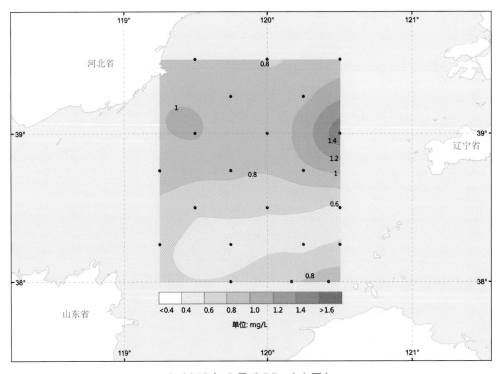

2-2012 年 6 月 COD（中层）

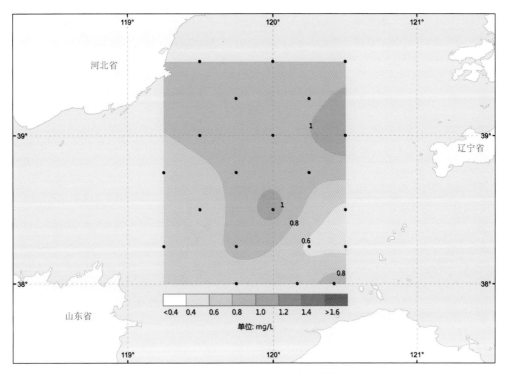

3-2012 年 6 月 COD（底层）

1.1.6　氨氮分布图

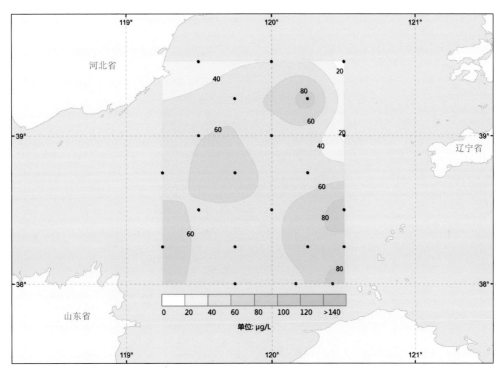

1-2012 年 6 月 氨氮（表层）

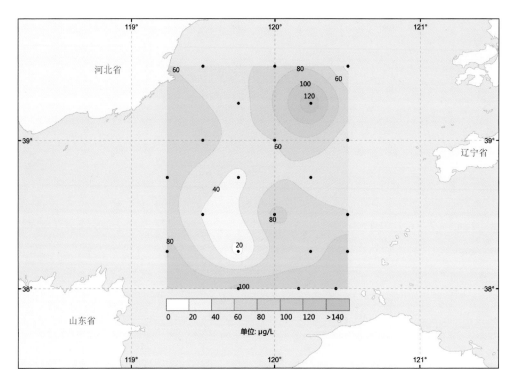

2-2012 年 6 月 氨氮（中层）

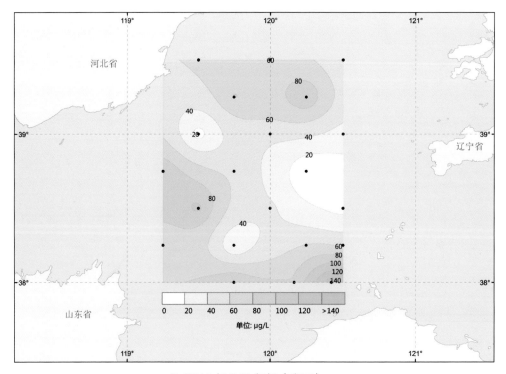

3-2012 年 6 月 氨氮（底层）

1.1.7　亚硝氮分布图

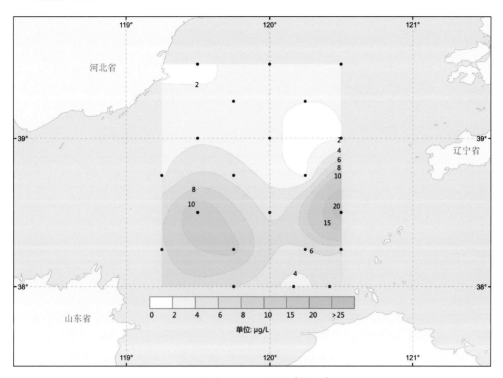

1-2012 年 6 月 亚硝氮（表层）

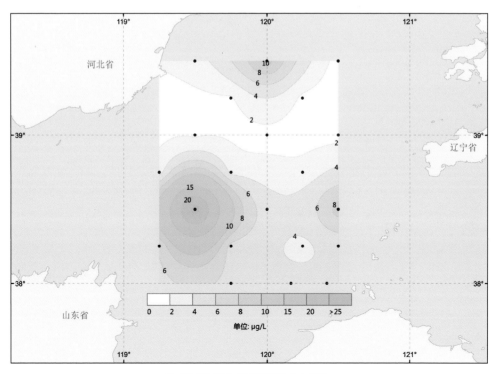

2-2012 年 6 月 亚硝氮（中层）

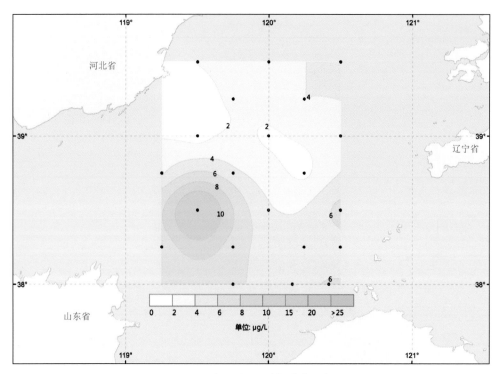

3-2012 年 6 月 亚硝氮（底层）

1.1.8　硝氮分布图

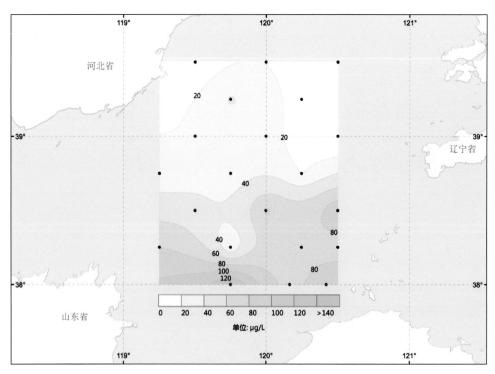

1-2012 年 6 月 硝氮（表层）

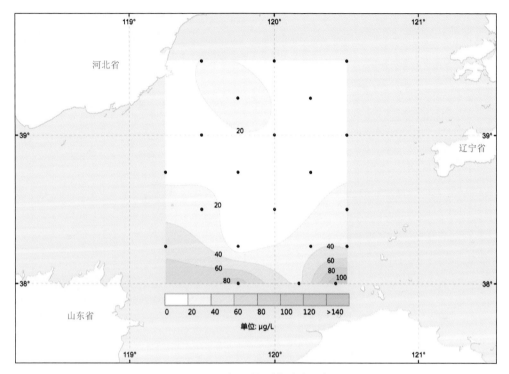

2-2012 年 6 月 硝氮（中层）

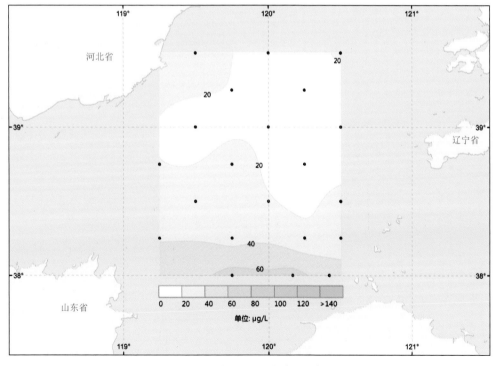

3-2012 年 6 月 硝氮（底层）

1.1.9　无机氮分布图

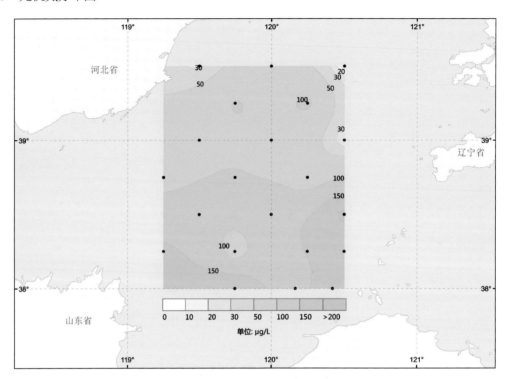

1-2012年6月 无机氮（表层）

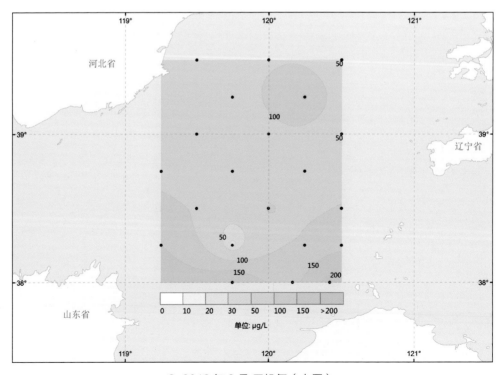

2-2012年6月 无机氮（中层）

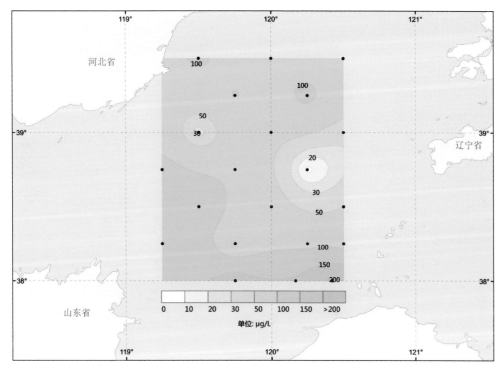

3-2012 年 6 月 无机氮（底层）

1.1.10　活性磷酸盐分布图

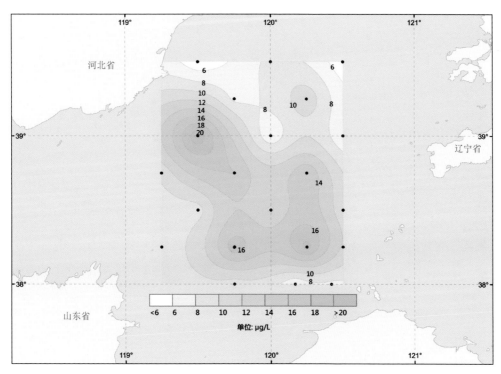

1-2012 年 6 月 活性磷酸盐（表层）

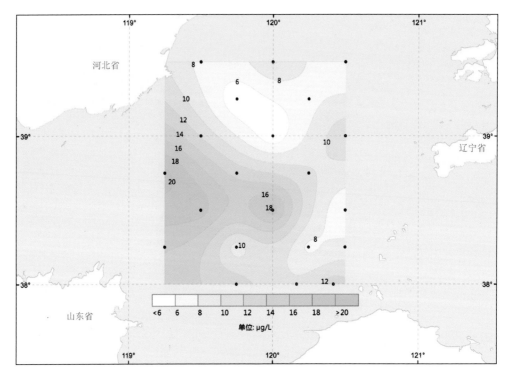

2-2012 年 6 月 活性磷酸盐（中层）

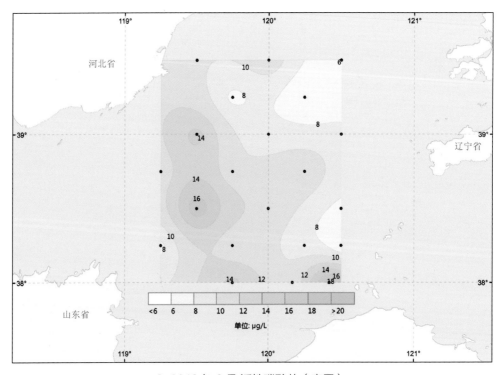

3-2012 年 6 月 活性磷酸盐（底层）

1.1.11　石油类分布图

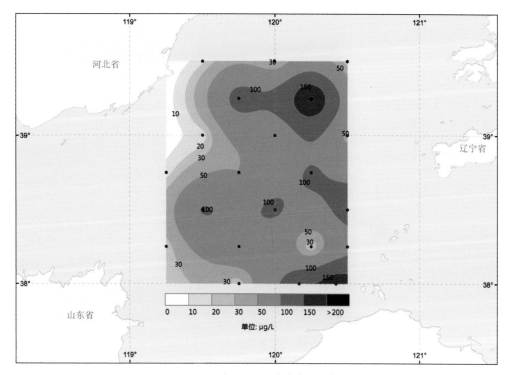

1-2012 年 6 月 石油类（表层）

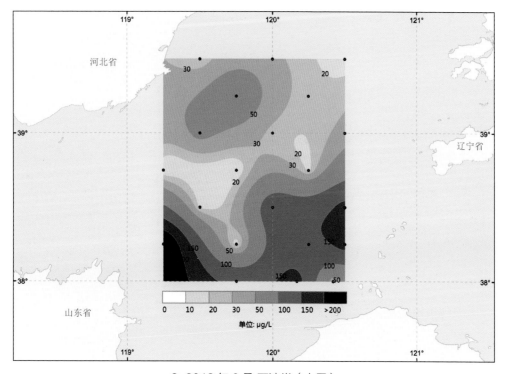

2-2012 年 6 月 石油类（中层）

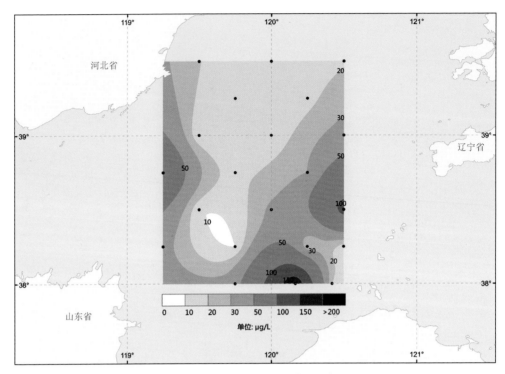

3-2012年6月 石油类（底层）

1.1.12　Cu 分布图

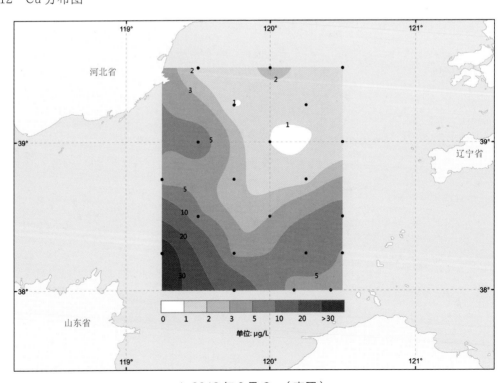

1-2012年6月 Cu（表层）

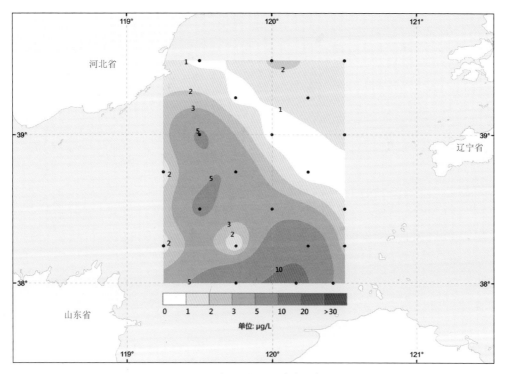

2-2012 年 6 月 Cu（中层）

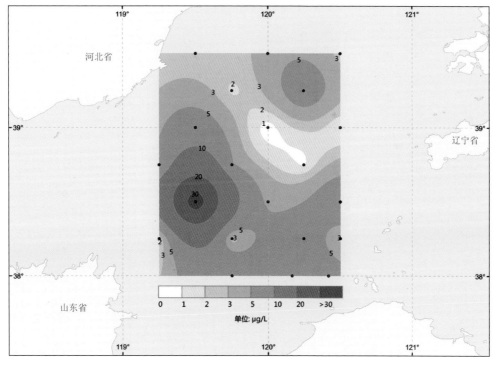

3-2012 年 6 月 Cu（底层）

1.1.13 Pb 分布图

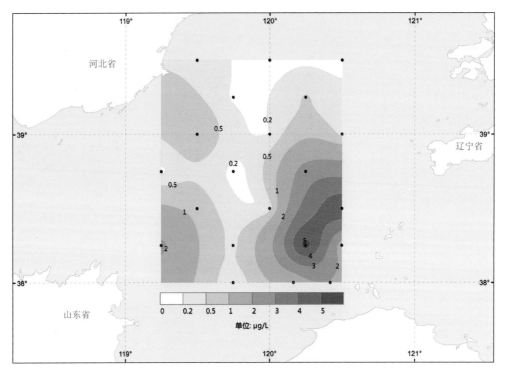

1-2012 年 6 月 Pb（表层）

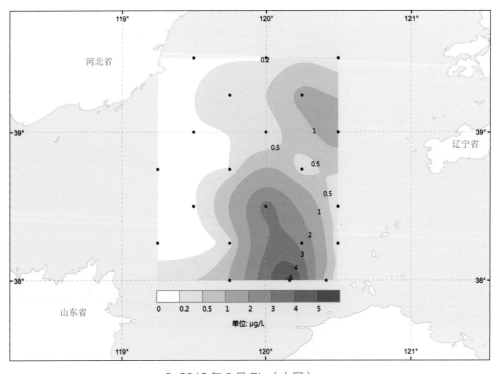

2-2012 年 6 月 Pb（中层）

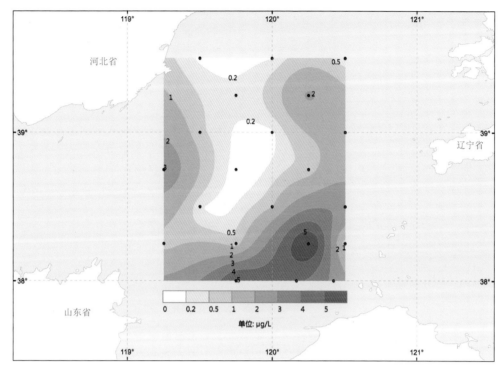

3-2012 年 6 月 Pb（底层）

1.1.14　Zn 分布图

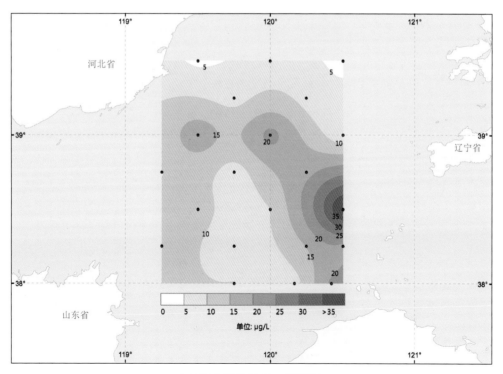

1-2012 年 6 月 Zn（表层）

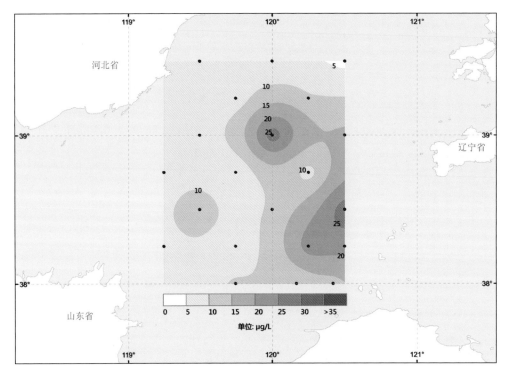

2-2012 年 6 月 Zn（中层）

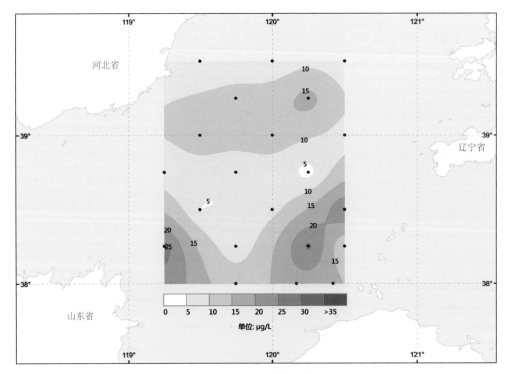

3-2012 年 6 月 Zn（底层）

1.1.15　Cd 分布图

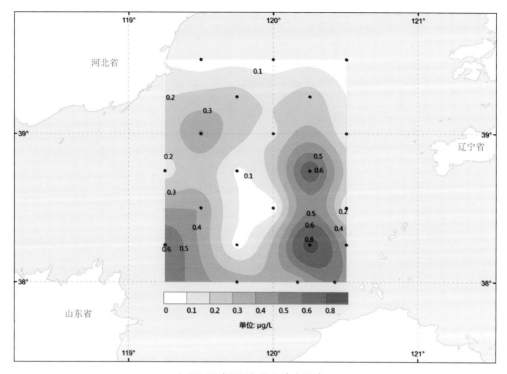

1-2012 年 6 月 Cd（表层）

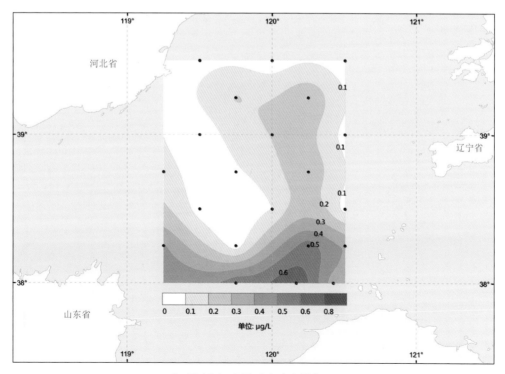

2-2012 年 6 月 Cd（中层）

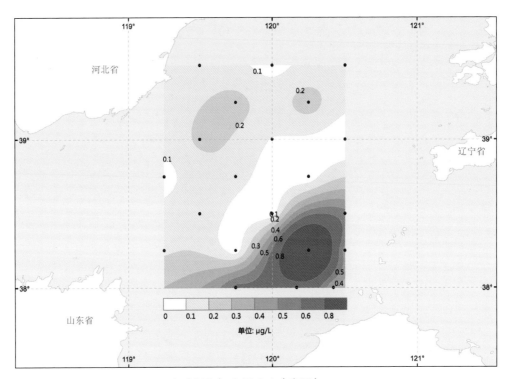

3-2012 年 6 月 Cd（底层）

1.1.16　Hg 分布图

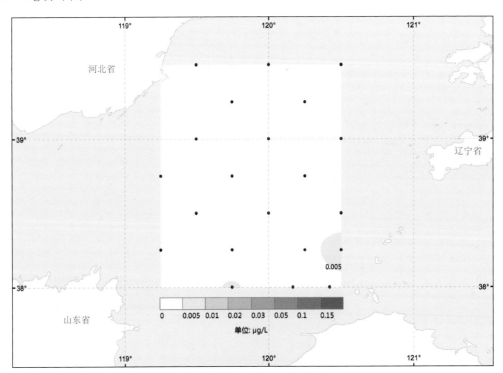

1-2012 年 6 月 Hg（表层）

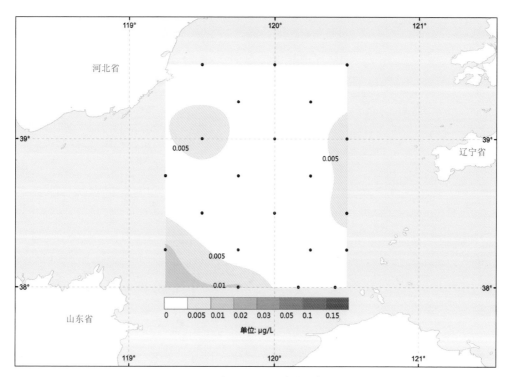

2-2012 年 6 月 Hg（中层）

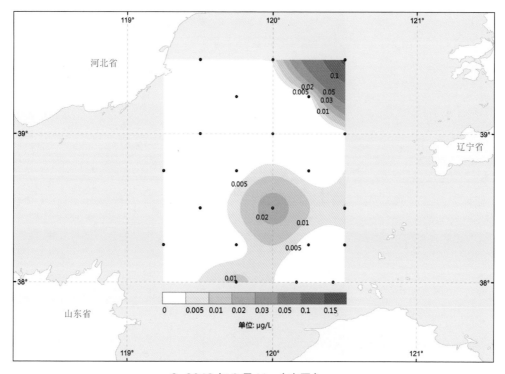

3-2012 年 6 月 Hg（底层）

1.1.17　As 分布图

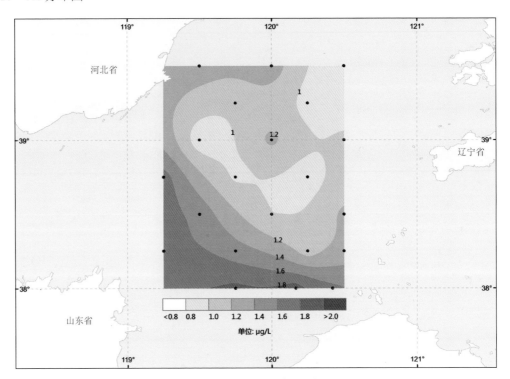

1-2012 年 6 月 As（表层）

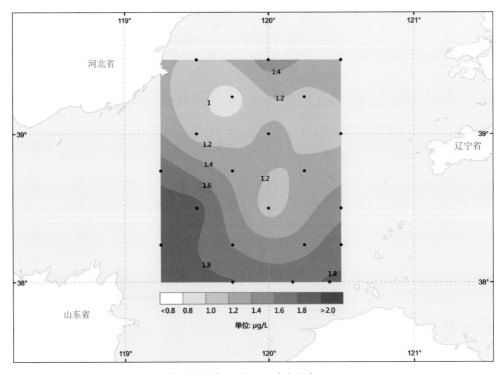

2-2012 年 6 月 As（中层）

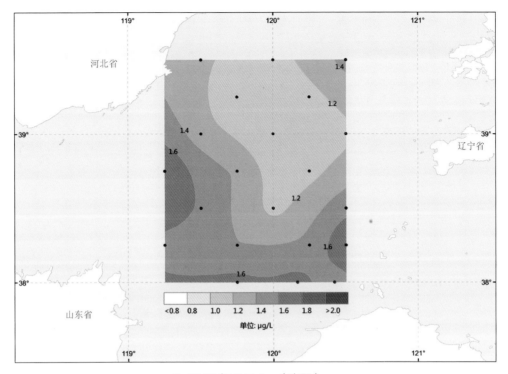

3-2012 年 6 月 As（底层）

1.2 沉积环境

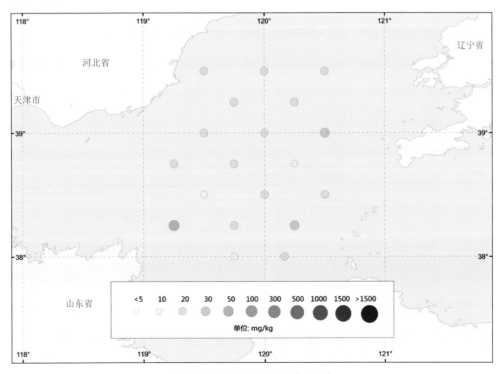

1-2012 年 6 月石油类（表层）

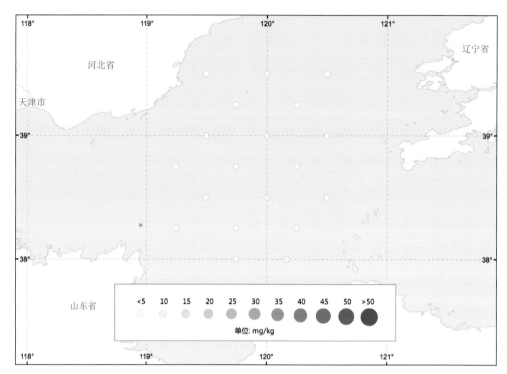

2-2012年6月Cu（表层）

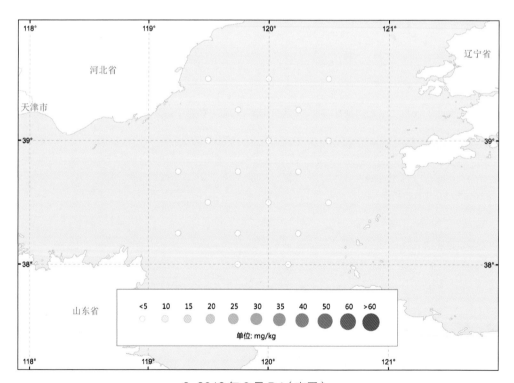

3-2012年6月Pd（表层）

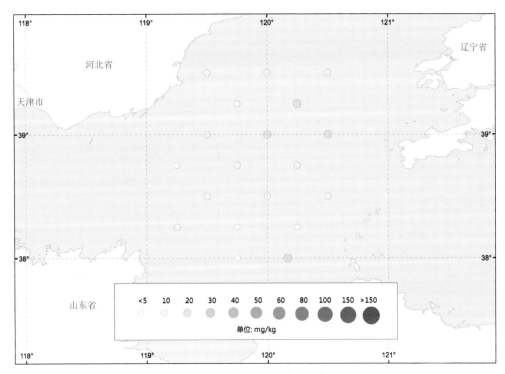

4-2012 年 6 月 Zn（表层）

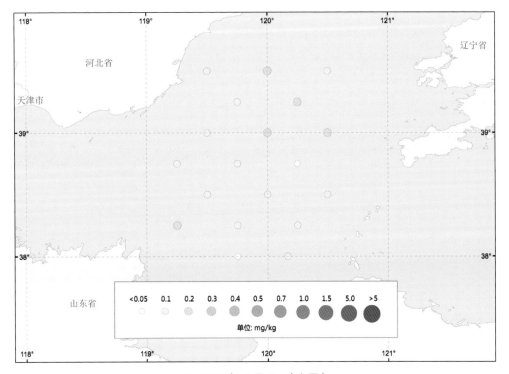

5-2012 年 6 月 Cd（表层）

渤海中部生态环境监测图集

Altas of eco-environment in the central Bohai Sea

2013 年渤海中部生态环境监测

Distributions of eco-environmental monitoring factors in the central Bohai Sea in 2013

2.1 海水环境

2.1.1 温度分布图

2.1.1.1 表层

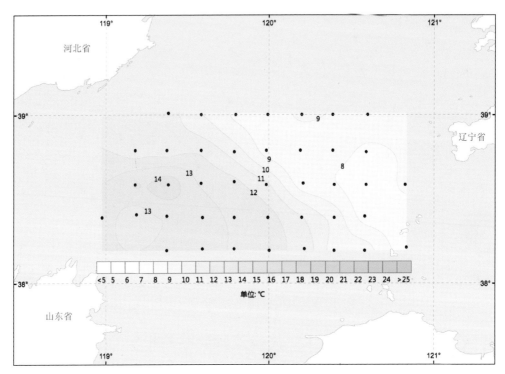

1- 温度（春季）

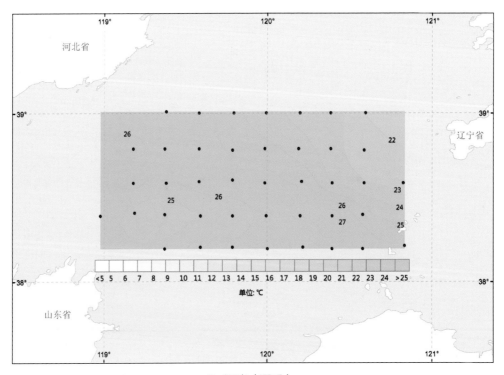

2- 温度（夏季）

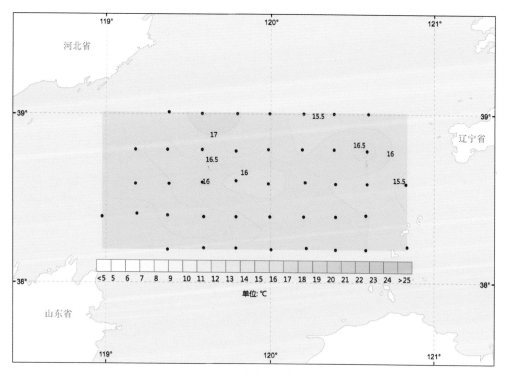

3- 温度（秋季）

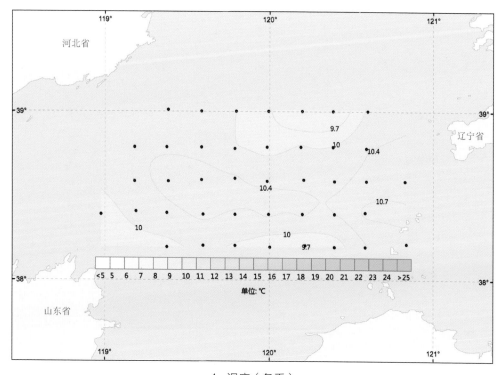

4- 温度（冬季）

2.1.1.2 中层

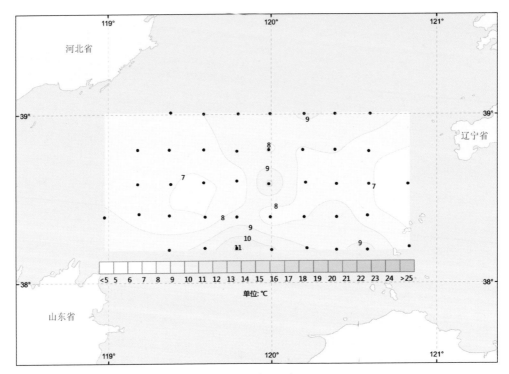

1- 温度（春季）

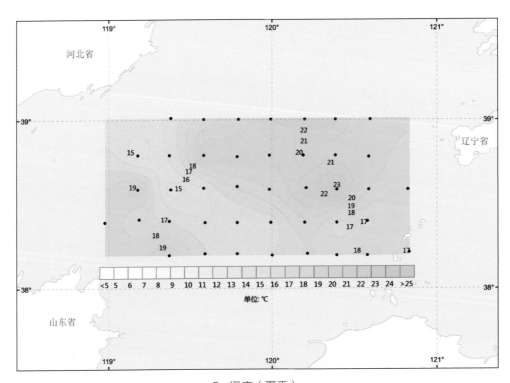

2- 温度（夏季）

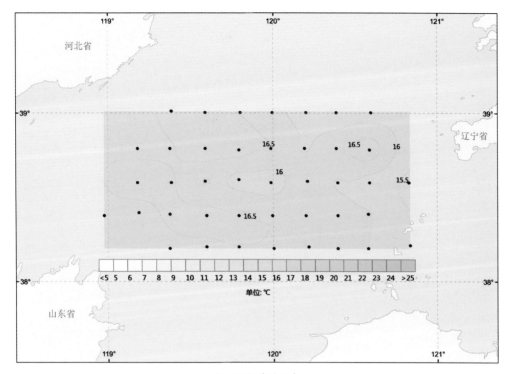

3- 温度（秋季）

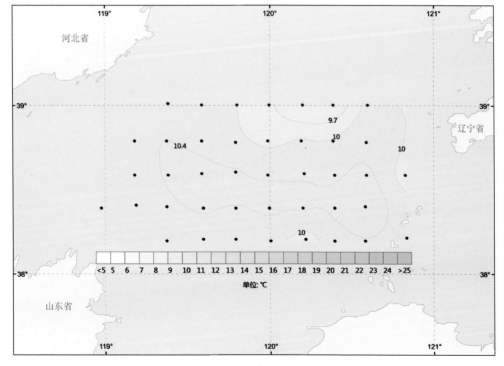

4- 温度（冬季）

2.1.1.3 底层

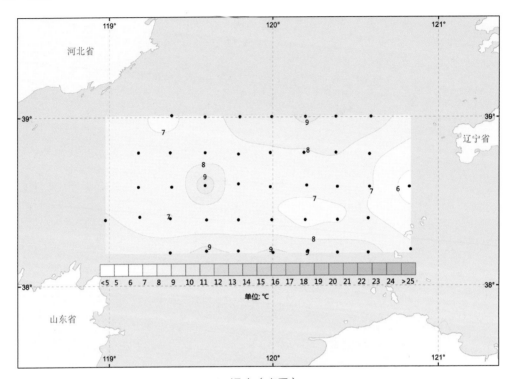

1- 温度（春季）

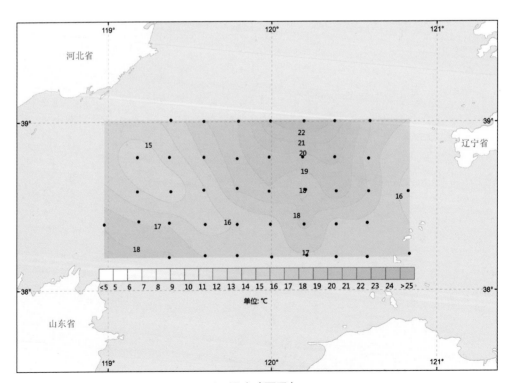

2- 温度（夏季）

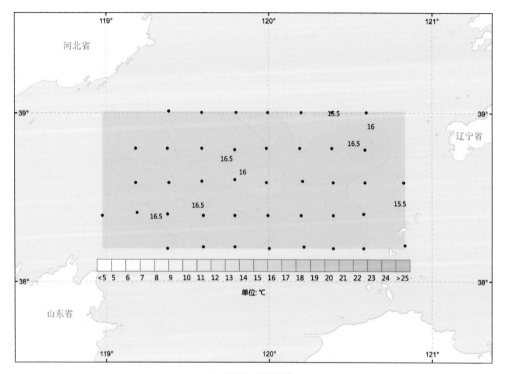

3- 温度（秋季）

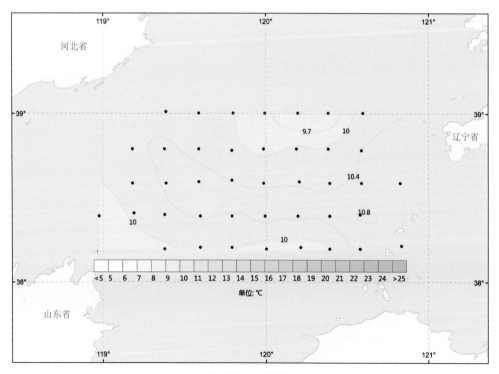

4- 温度（冬季）

2.1.2 盐度分布图
2.1.2.1 表层

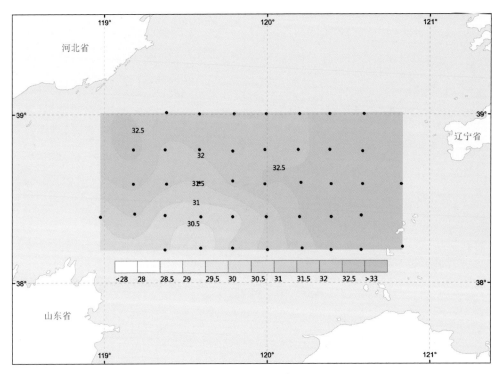

1- 盐度（春季）

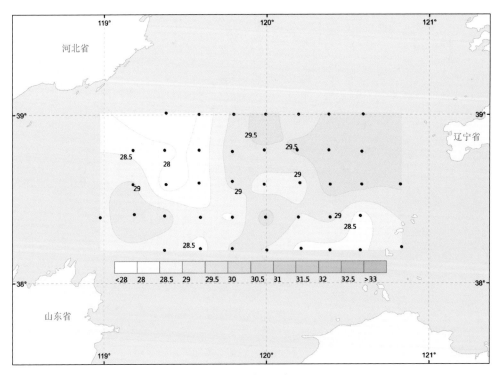

2- 盐度（夏季）

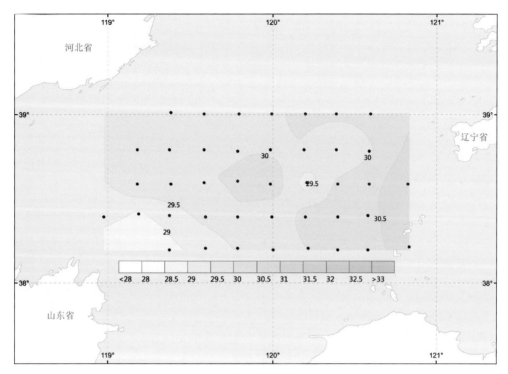

3- 盐度（秋季）

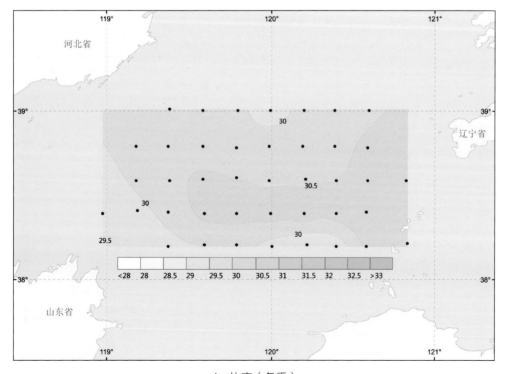

4- 盐度（冬季）

2.1.2.2　中层

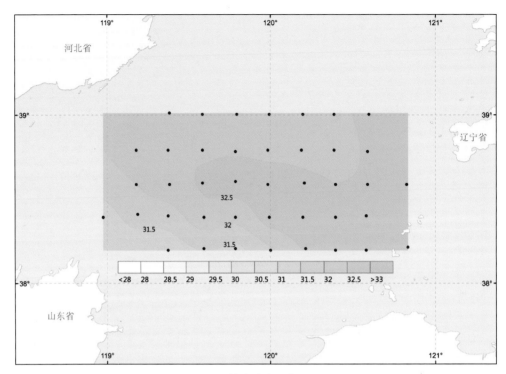

1- 盐度（春季）

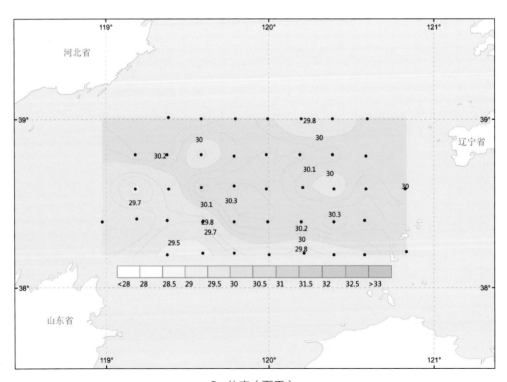

2- 盐度（夏季）

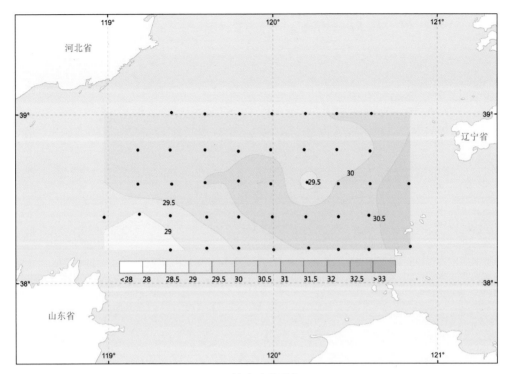

3- 盐度（秋季）

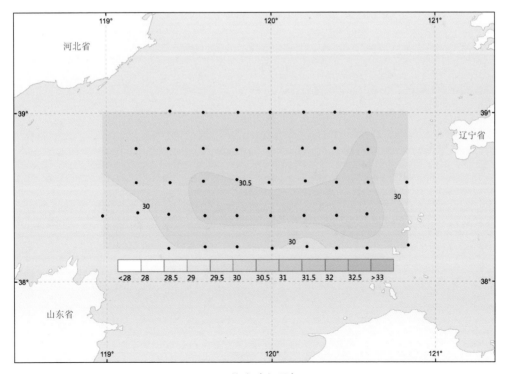

4- 盐度（冬季）

2.1.2.3 底层

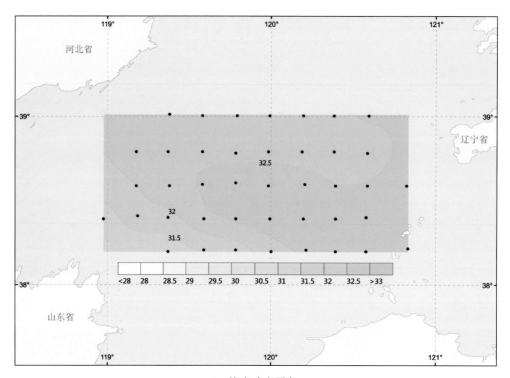

1- 盐度（春季）

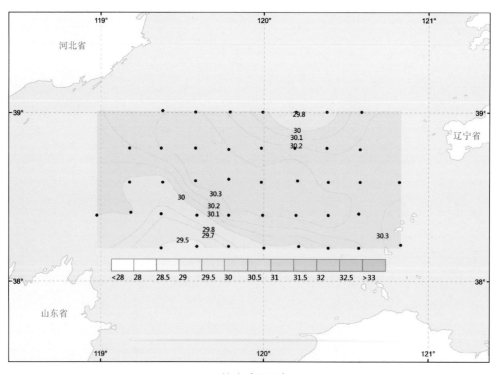

2- 盐度（夏季）

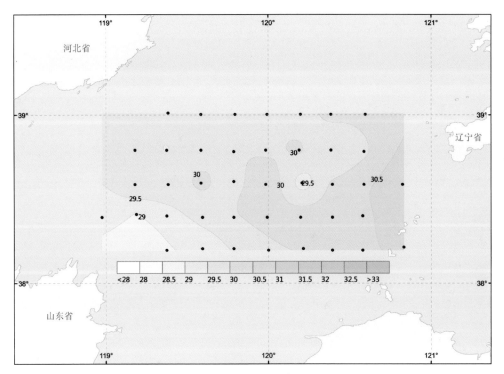

3- 盐度（秋季）

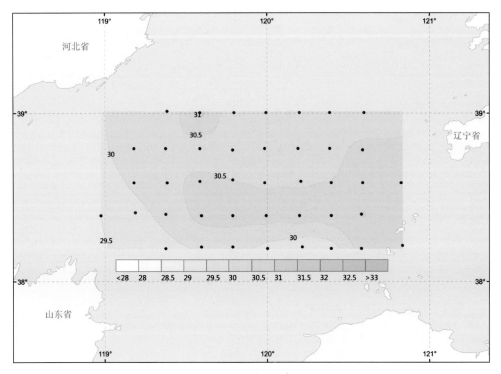

4- 盐度（冬季）

2.1.3 pH 分布图

2.1.3.1 表层

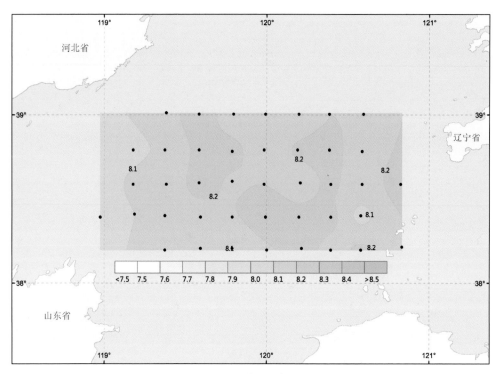

1-pH（春季）

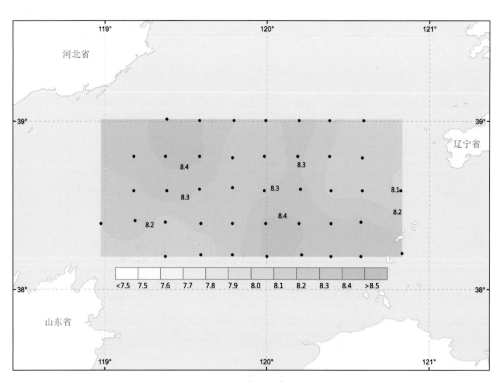

2-pH（夏季）

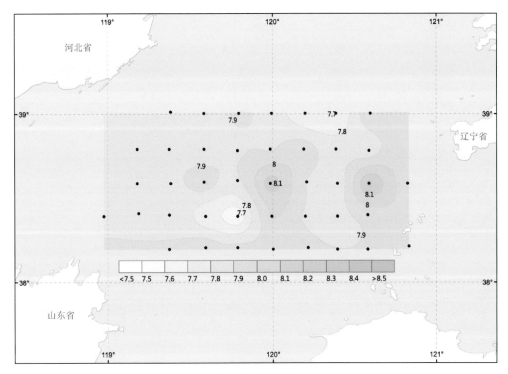

3-pH（秋季）

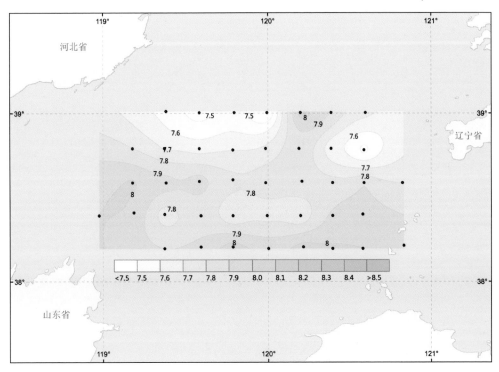

4-pH（冬季）

2.1.3.2 中层

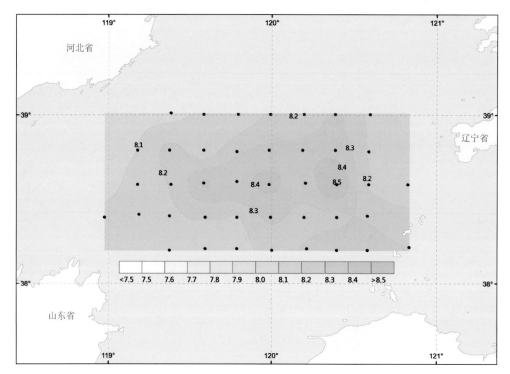

1-pH（春季）

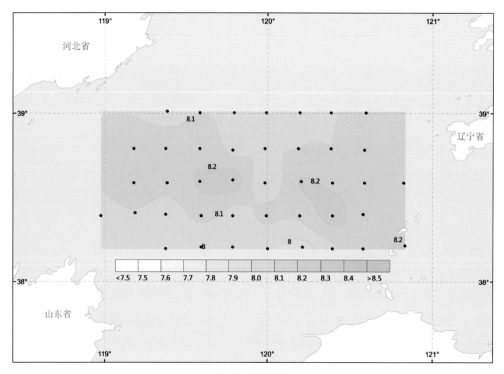

2-pH（夏季）

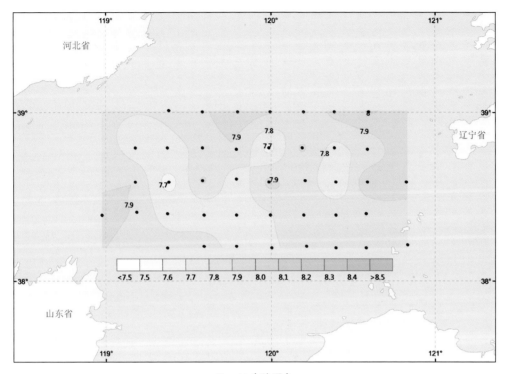

3-pH（秋季）

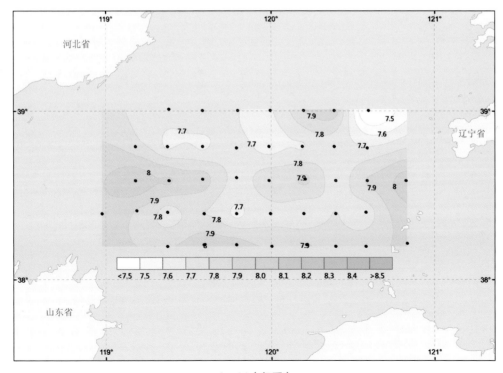

4-pH（冬季）

2.1.3.3 底层

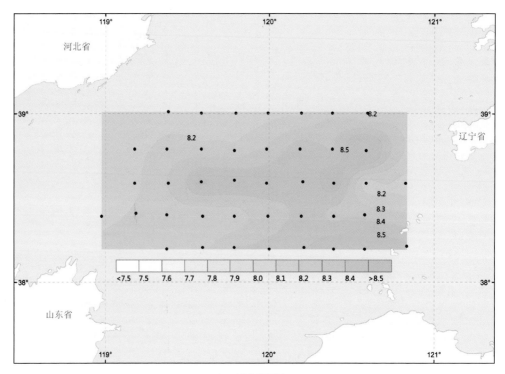

1-pH（春季）

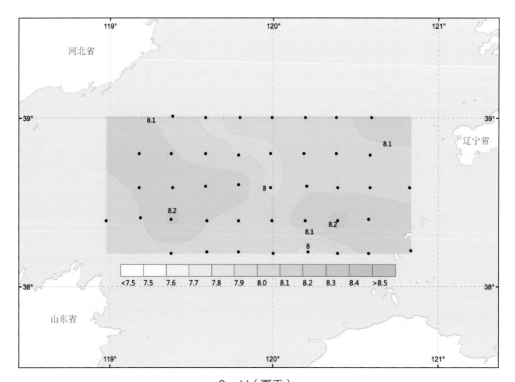

2-pH（夏季）

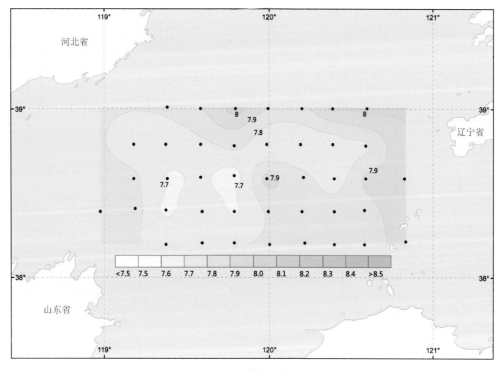

3-pH（秋季）

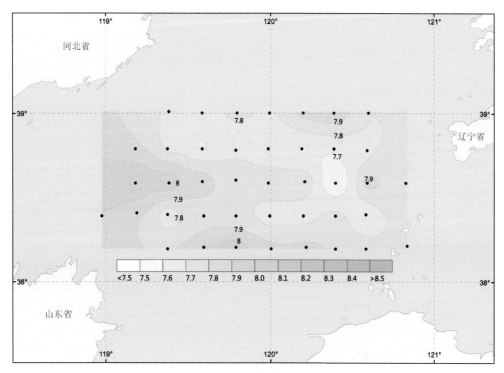

4-pH（冬季）

2.1.4　溶解氧分布图

2.1.4.1　表层

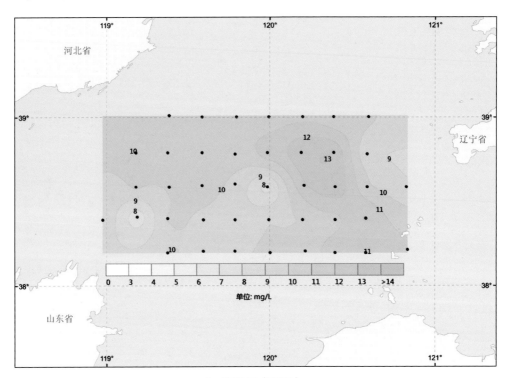

1- 溶解氧（春季）

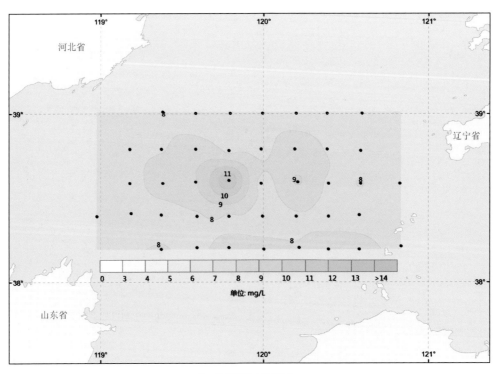

2- 溶解氧（夏季）

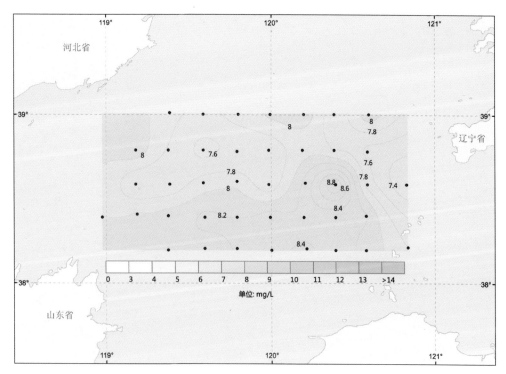

3- 溶解氧（秋季）

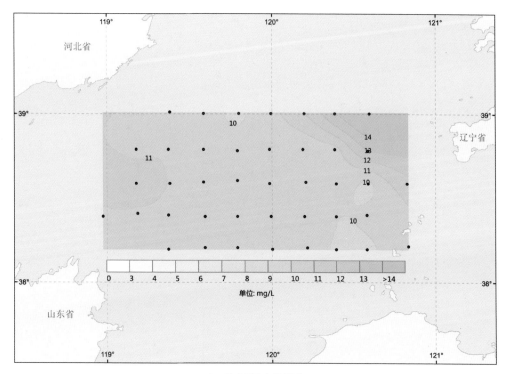

4- 溶解氧（冬季）

2.1.4.2 中层

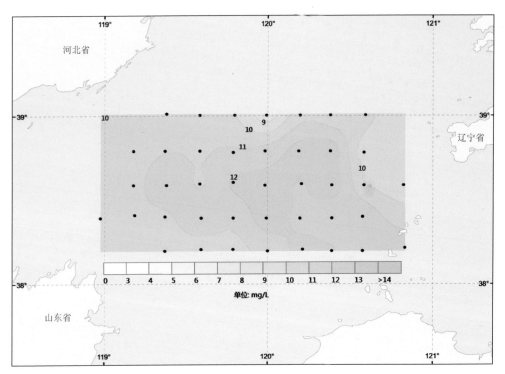

1- 溶解氧（春季）

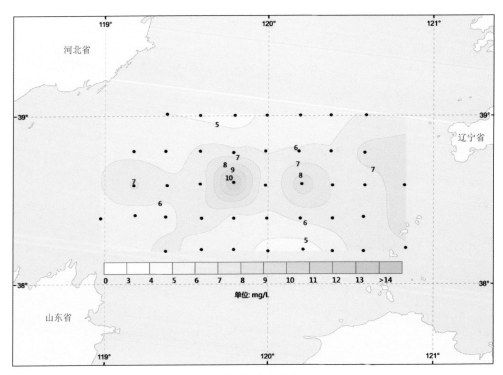

2- 溶解氧（夏季）

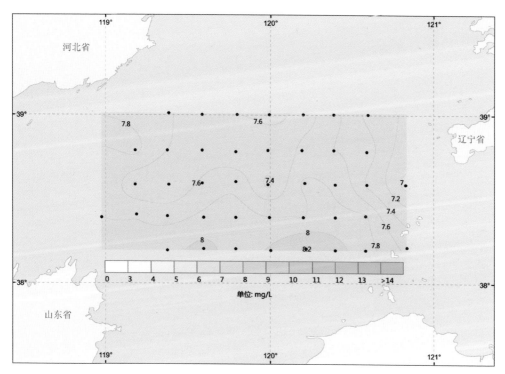

3- 溶解氧（秋季）

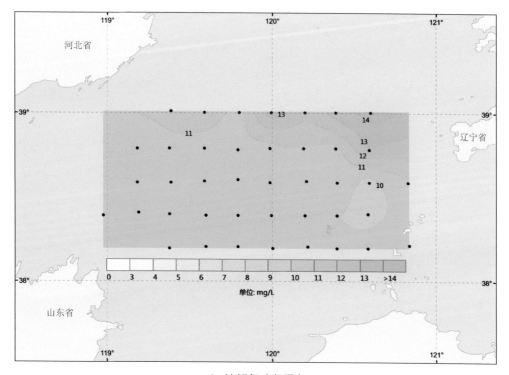

4- 溶解氧（冬季）

2.1.4.3 底层

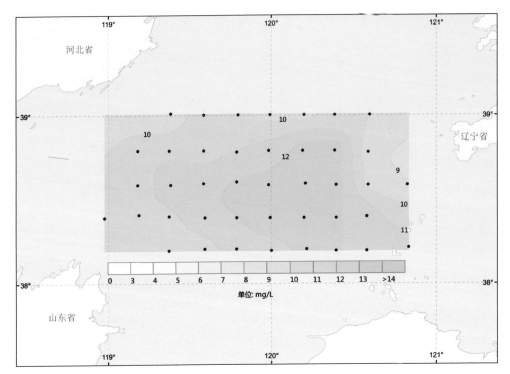

1- 溶解氧（春季）

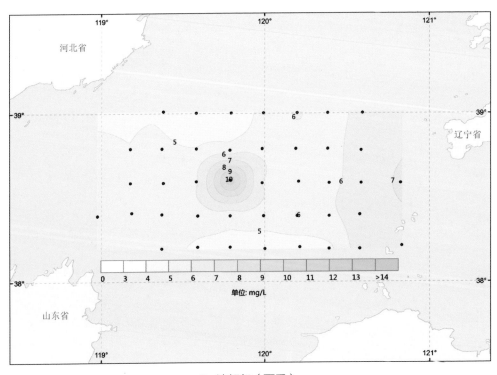

2- 溶解氧（夏季）

Distributions of eco-environmental monitoring factors in the central Bohai Sea in 2013

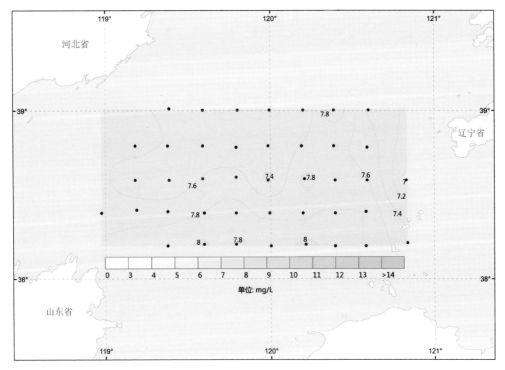

3- 溶解氧（秋季）

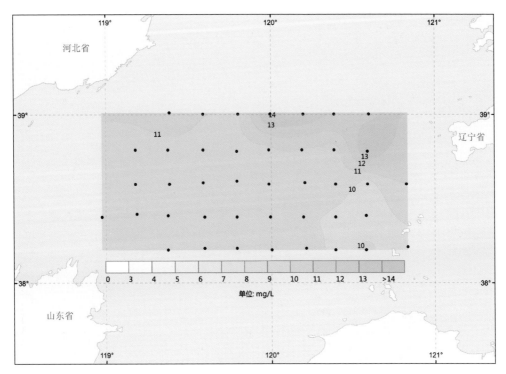

4- 溶解氧（冬季）

2.1.5 化学需氧量（COD）分布图

2.1.5.1 表层

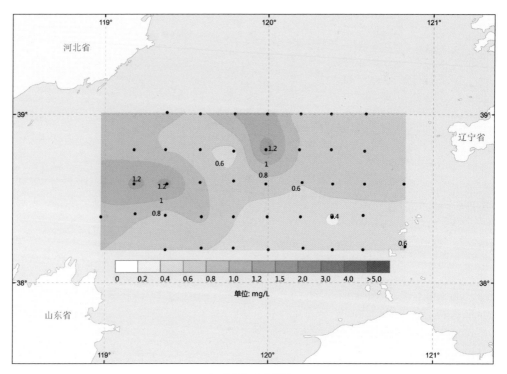

1-COD（春季）

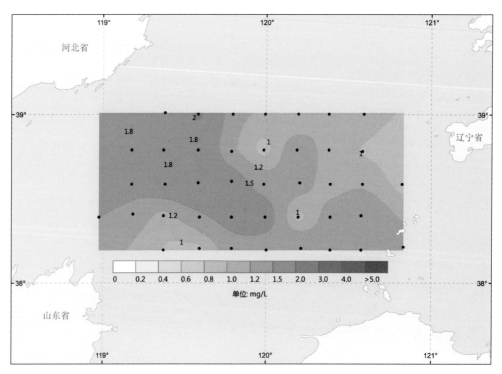

2-COD（夏季）

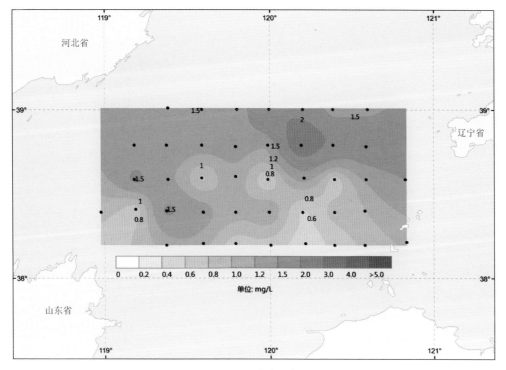

3-COD（秋季）

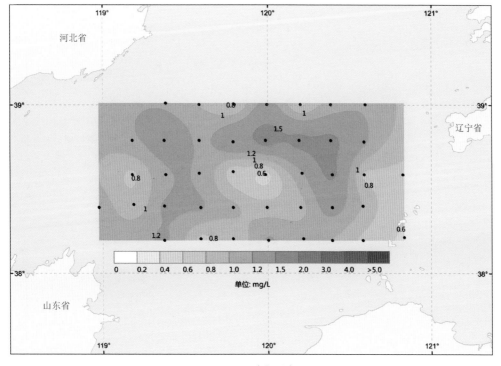

4-COD（冬季）

2.1.5.2 中层

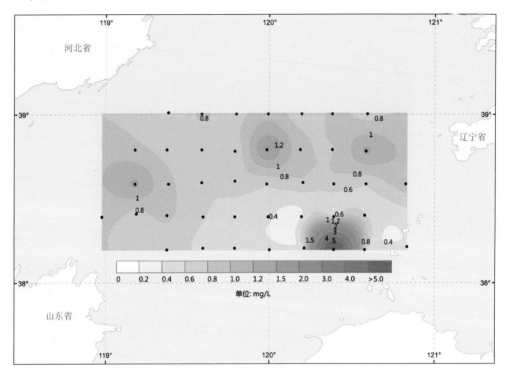

1-COD（春季）

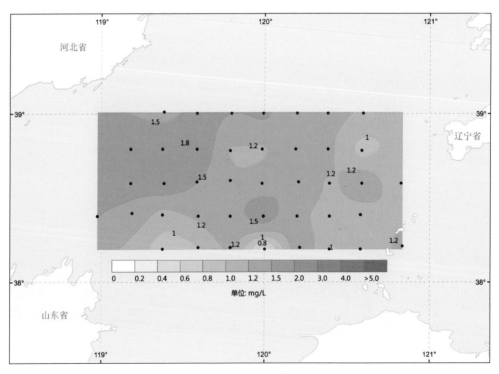

2-COD（夏季）

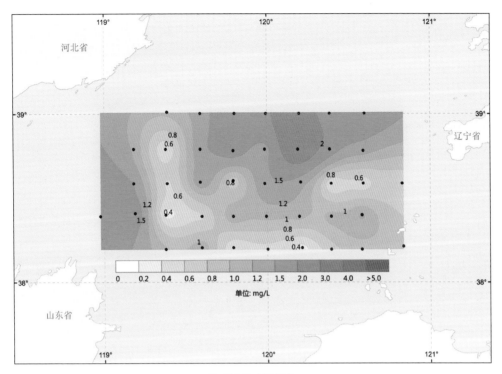

3-COD（秋季）

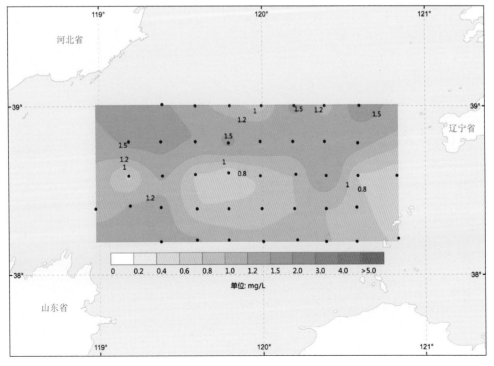

4-COD（冬季）

2.1.5.3 底层

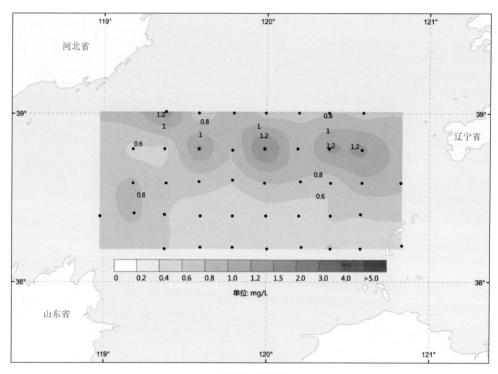

1-COD（春季）

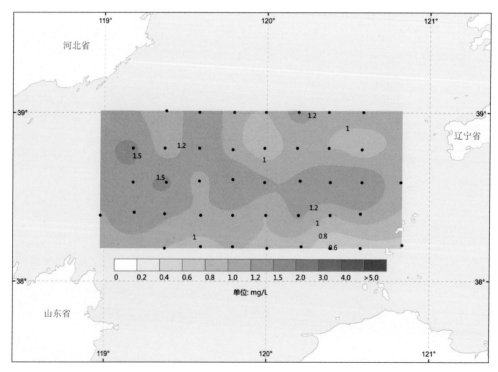

2-COD（夏季）

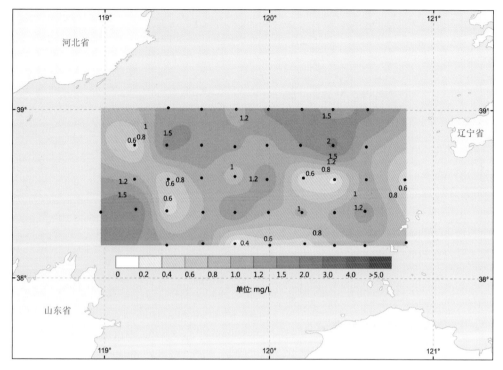

3-COD（秋季）

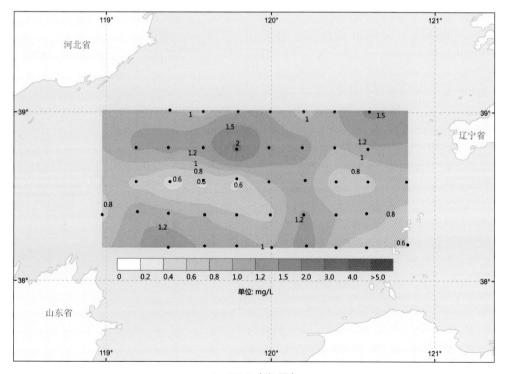

4-COD（冬季）

2.1.6　氨氮分布图

2.1.6.1　表层

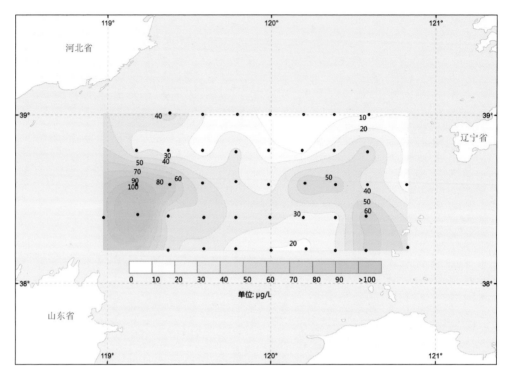

1- 氨氮（春季）

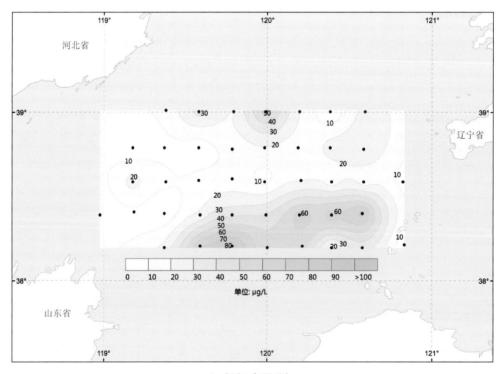

2- 氨氮（夏季）

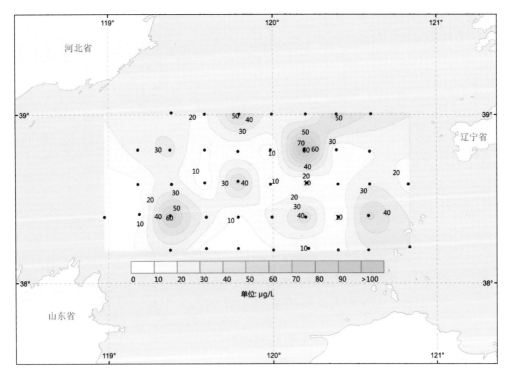

3- 氨氮（秋季）

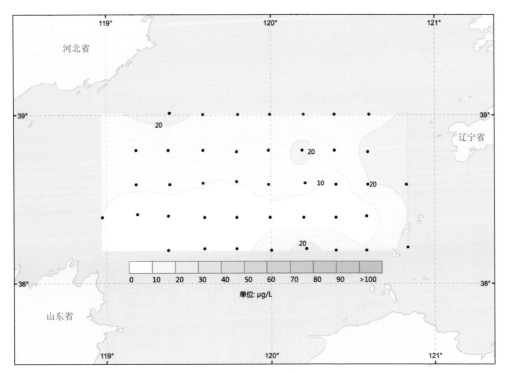

4- 氨氮（冬季）

2.1.6.2　中层

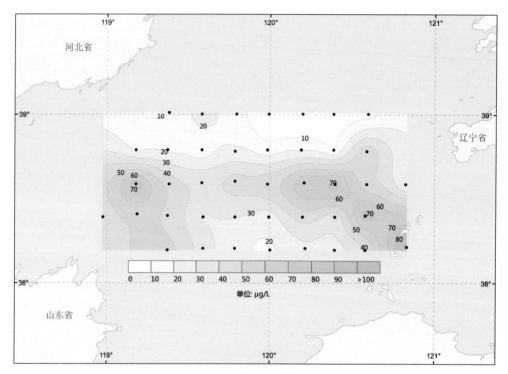

1- 氨氮（春季）

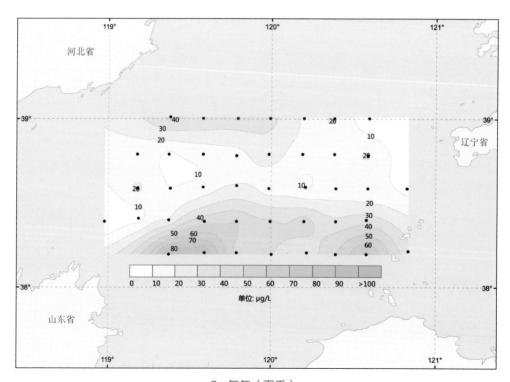

2- 氨氮（夏季）

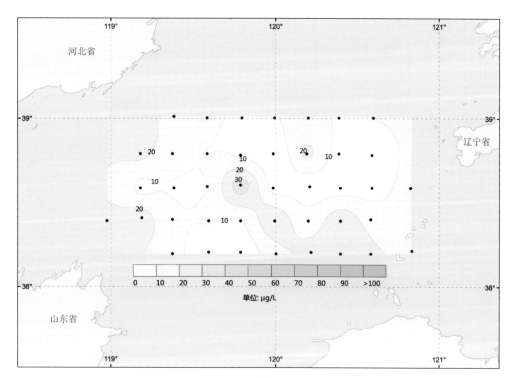

3- 氨氮（秋季）

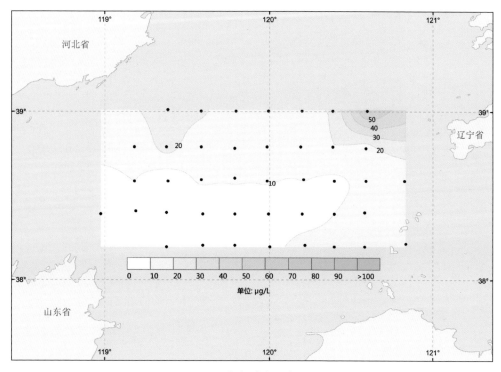

4- 氨氮（冬季）

2.1.6.3 底层

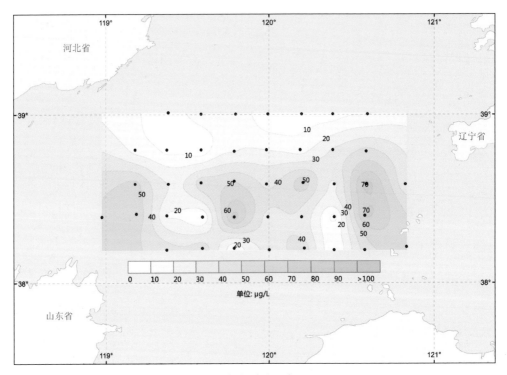

1- 氨氮（春季）

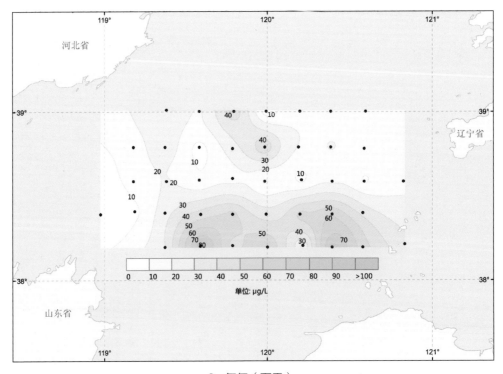

2- 氨氮（夏季）

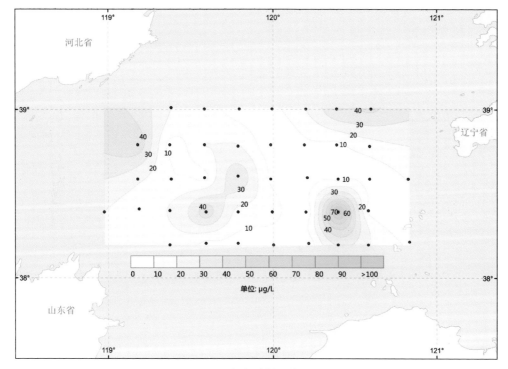

3- 氨氮（秋季）

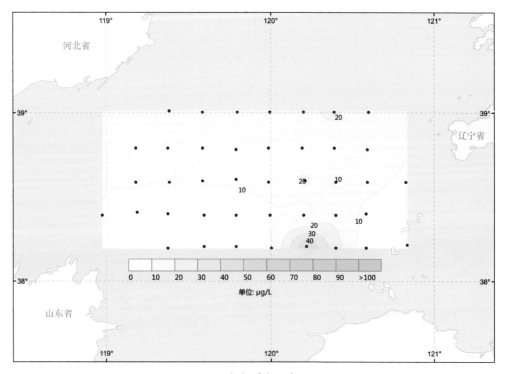

4- 氨氮（冬季）

2.1.7 亚硝氮分布图
2.1.7.1 表层

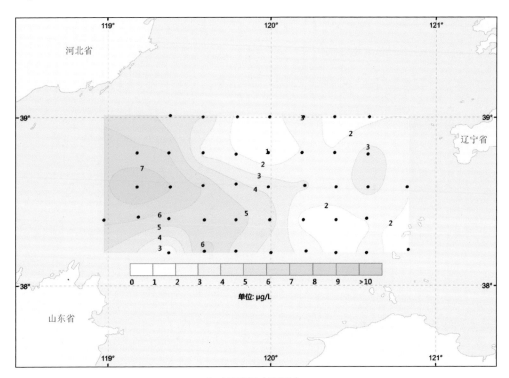

1- 亚硝氮（春季）

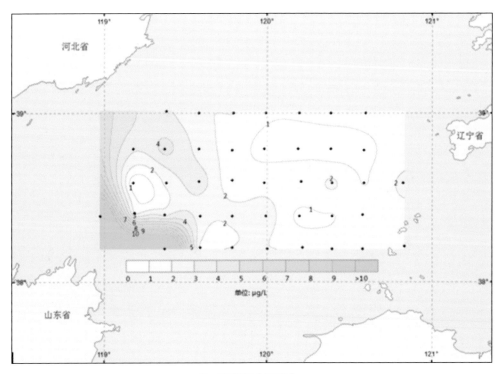

2- 亚硝氮（夏季）

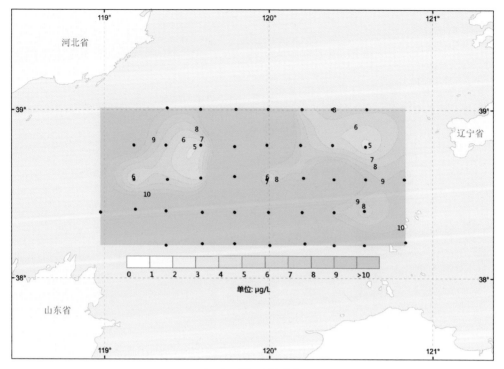

3- 亚硝氮（秋季）

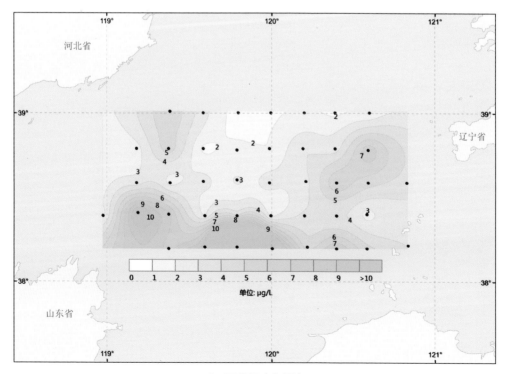

4- 亚硝氮（冬季）

2.1.7.2 中层

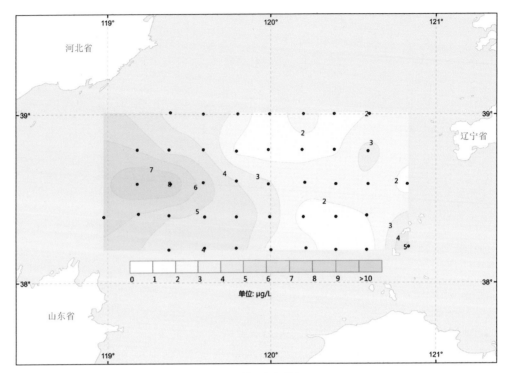

1- 亚硝氮（春季）

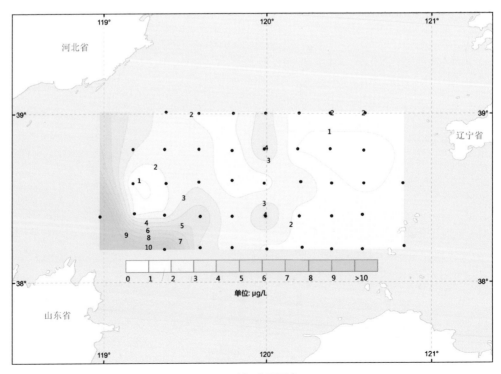

2- 亚硝氮（夏季）

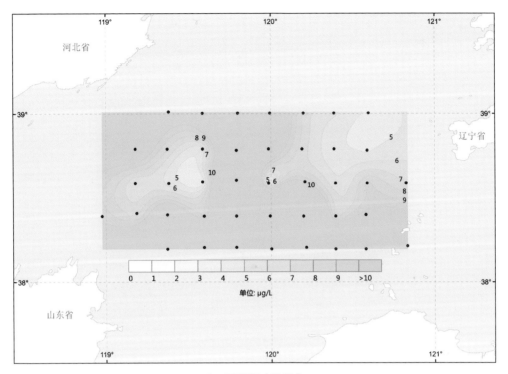

3- 亚硝氮（秋季）

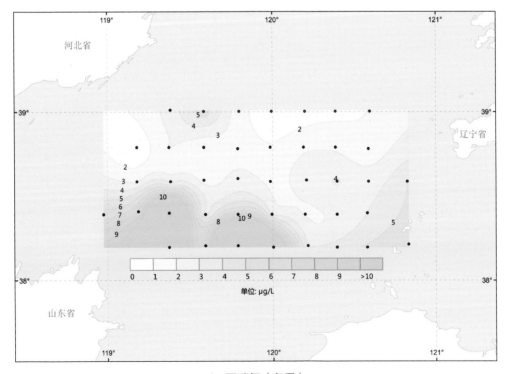

4- 亚硝氮（冬季）

2.1.7.3　底层

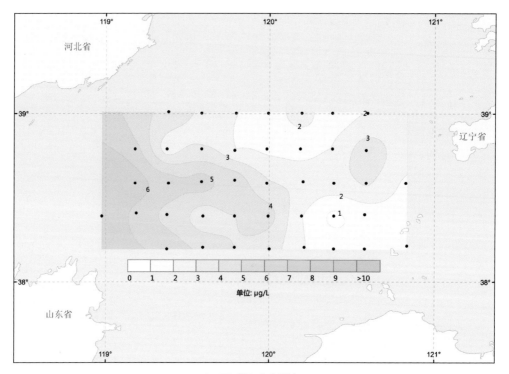

1- 亚硝氮（春季）

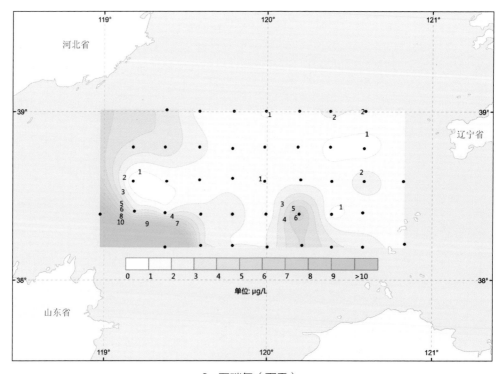

2- 亚硝氮（夏季）

Distributions of eco-environmental monitoring factors in the central Bohai Sea in 2013

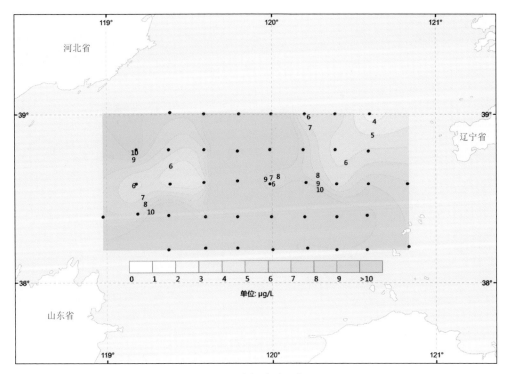

3- 亚硝氮（秋季）

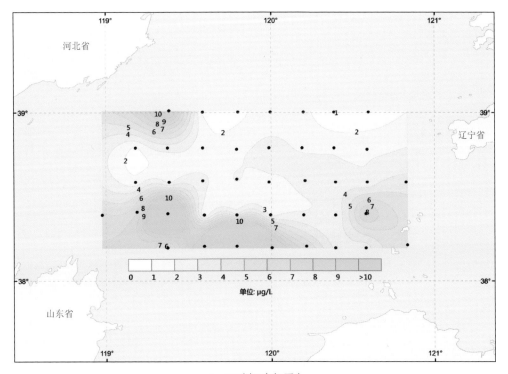

4- 亚硝氮（冬季）

2.1.8 硝氮分布图

2.1.8.1 表层

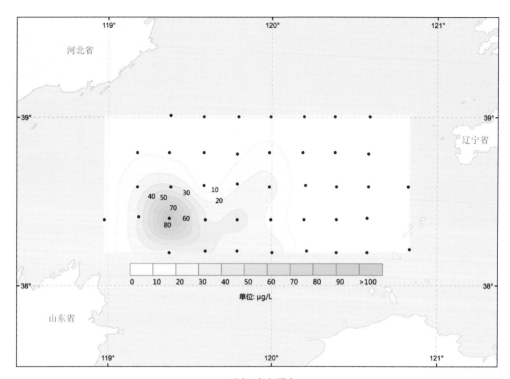

1- 硝氮（春季）

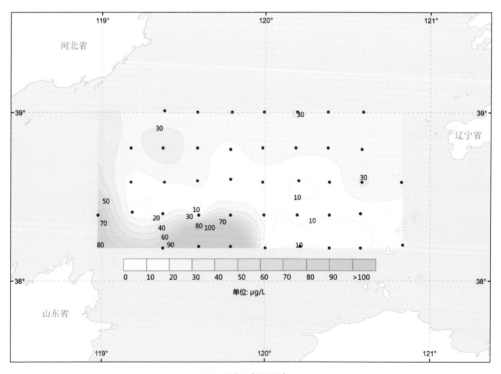

2- 硝氮（夏季）

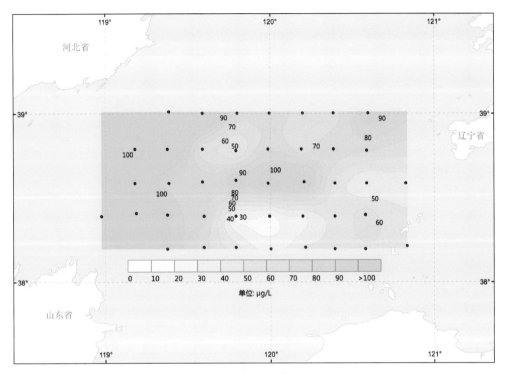

3- 硝氮（秋季）

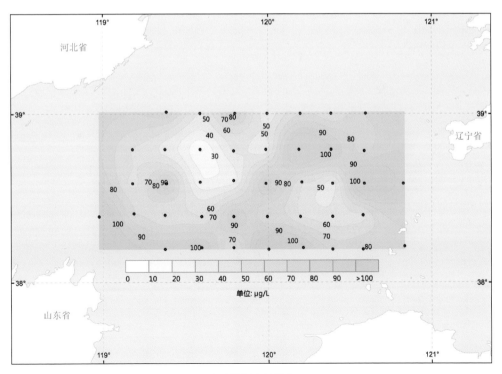

4- 硝氮（冬季）

2.1.8.2　中层

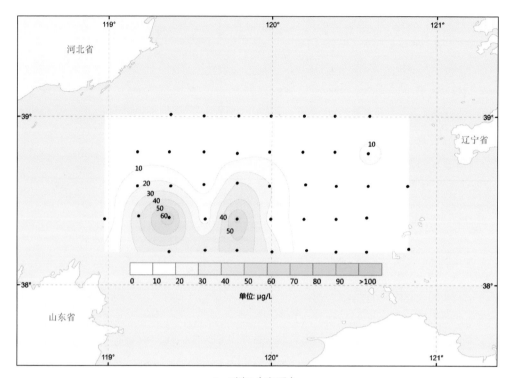

1- 硝氮（春季）

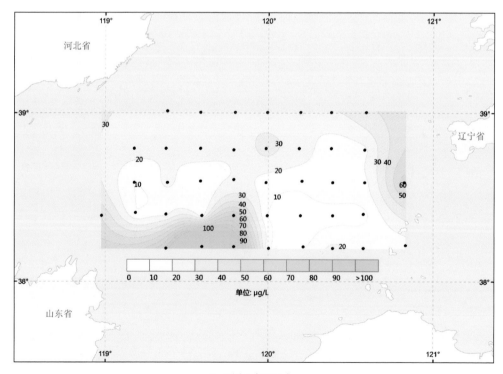

2- 硝氮（夏季）

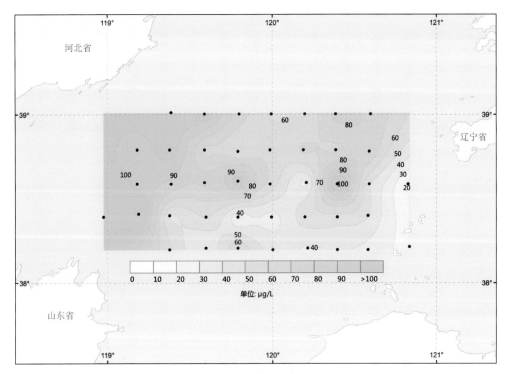

3- 硝氮（秋季）

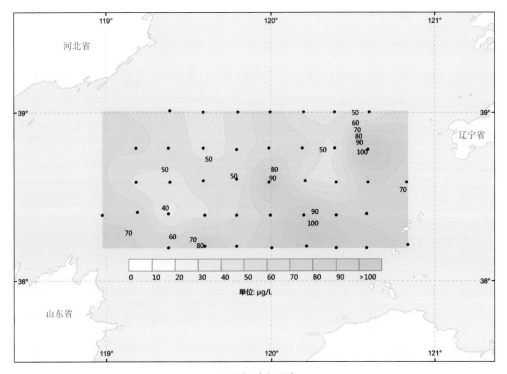

4- 硝氮（冬季）

2.1.8.3　底层

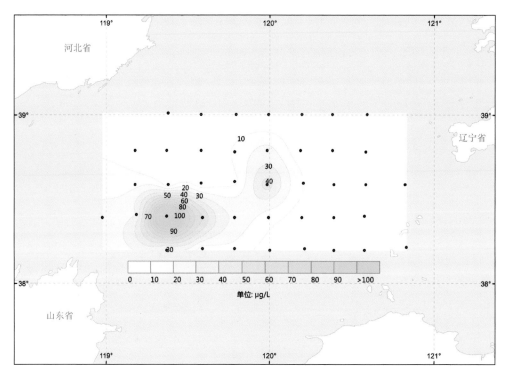

1- 硝氮（春季）

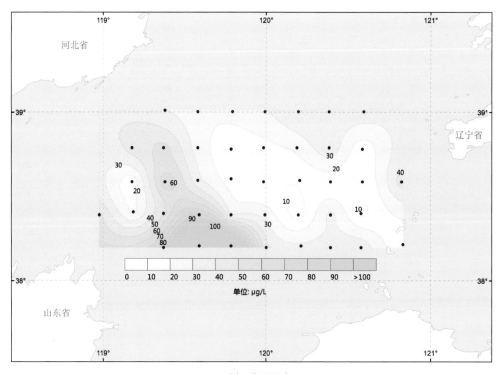

2- 硝氮（夏季）

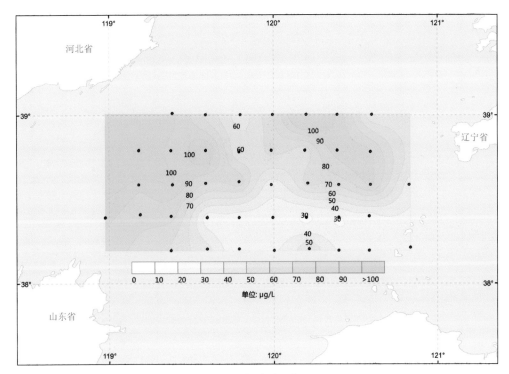

3- 硝氮（秋季）

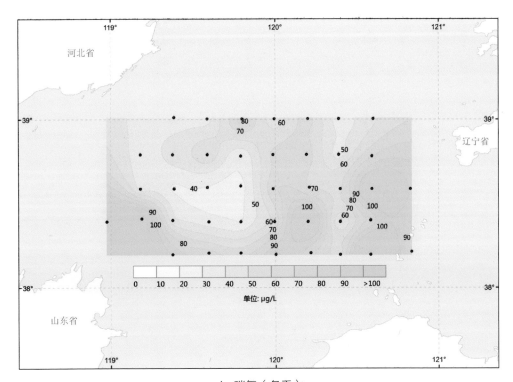

4- 硝氮（冬季）

2.1.9 无机氮分布图
2.1.9.1 表层

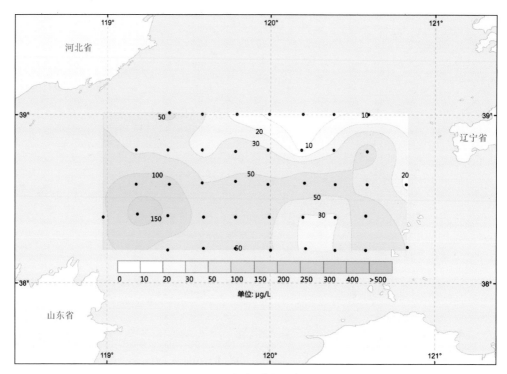

1- 无机氮（春季）

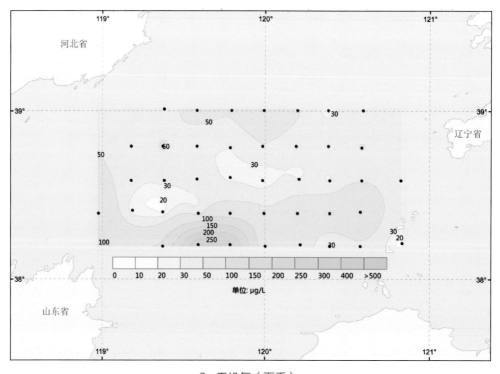

2- 无机氮（夏季）

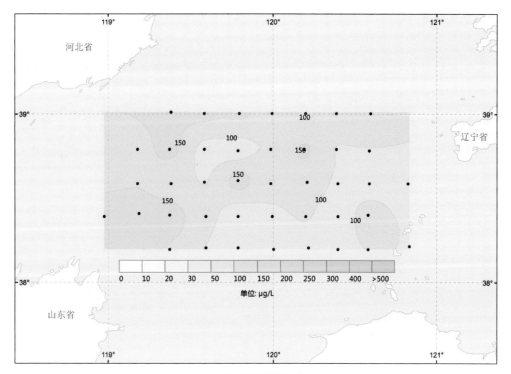

3- 无机氮（秋季）

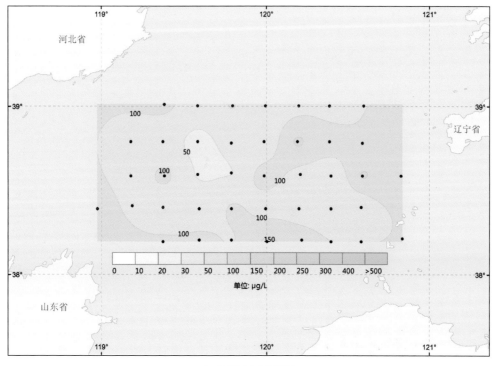

4- 无机氮（冬季）

2.1.9.2 中层

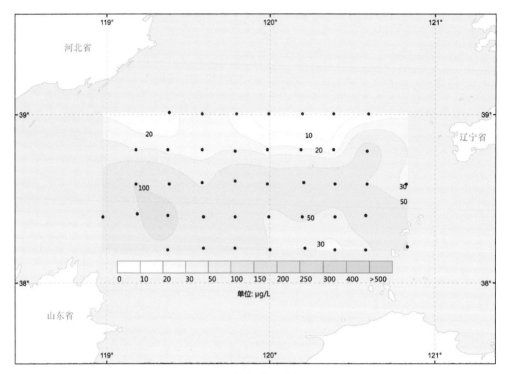

1- 无机氮（春季）

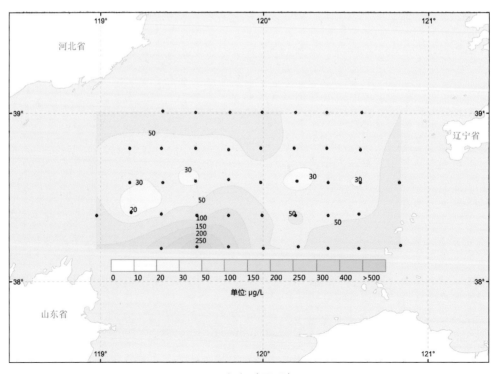

2- 无机氮（夏季）

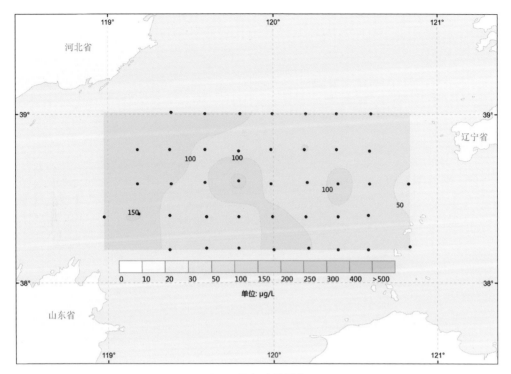

3- 无机氮（秋季）

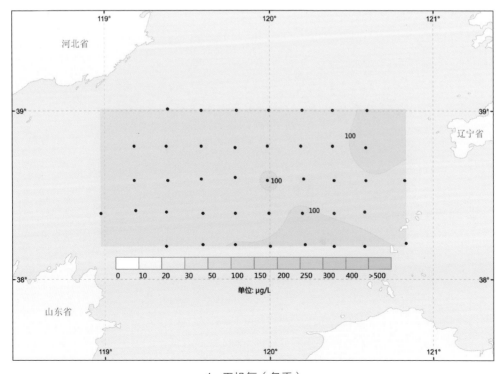

4- 无机氮（冬季）

2.1.9.3　底层

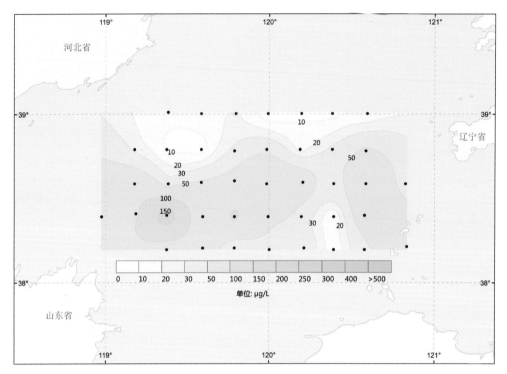

1- 无机氮（春季）

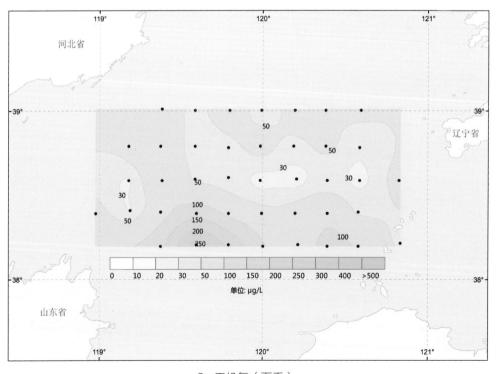

2- 无机氮（夏季）

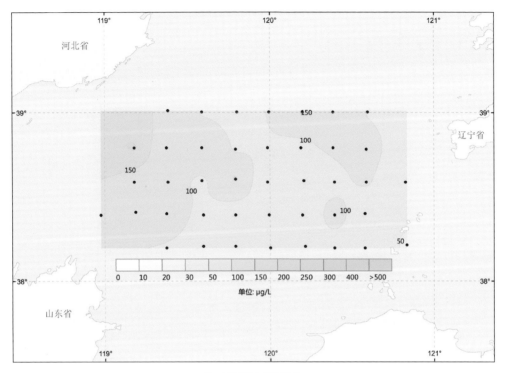

3- 无机氮（秋季）

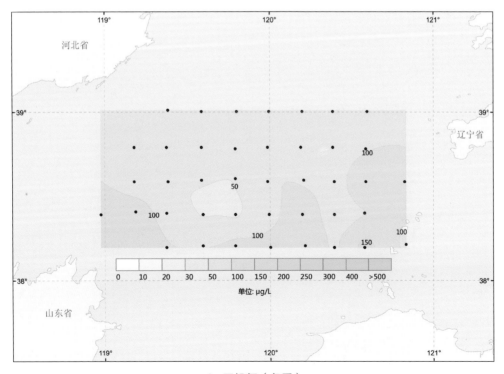

4- 无机氮（冬季）

2.1.10 活性磷酸盐分布图
2.1.10.1 表层

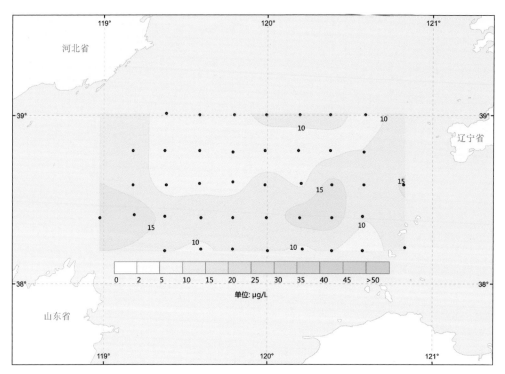

1- 活性磷酸盐（春季）

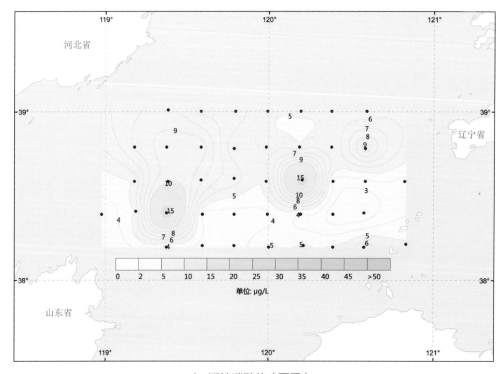

2- 活性磷酸盐（夏季）

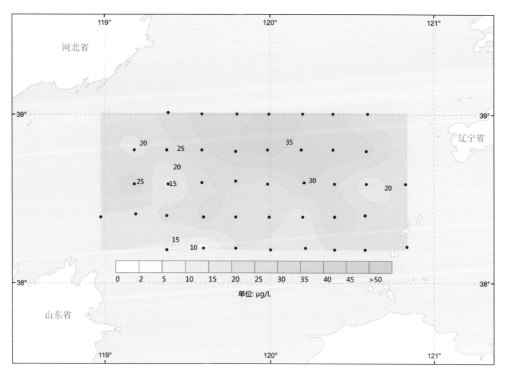

3- 活性磷酸盐（秋季）

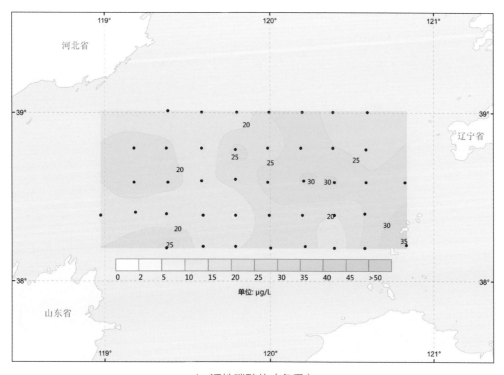

4- 活性磷酸盐（冬季）

2.1.10.2 中层

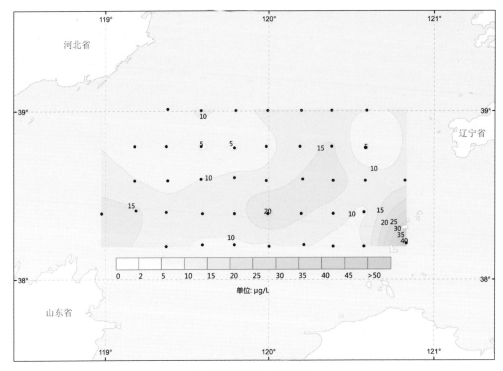

1- 活性磷酸盐（春季）

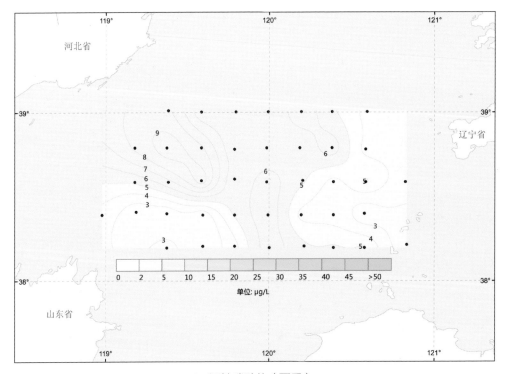

2- 活性磷酸盐（夏季）

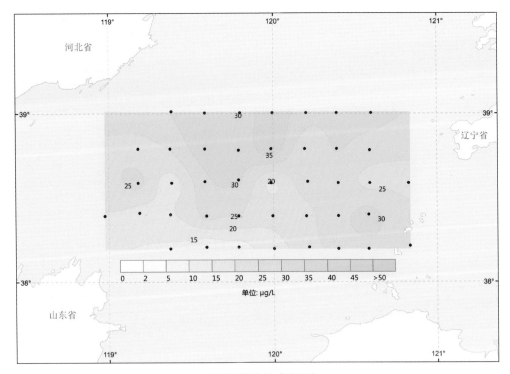

3- 活性磷酸盐（秋季）

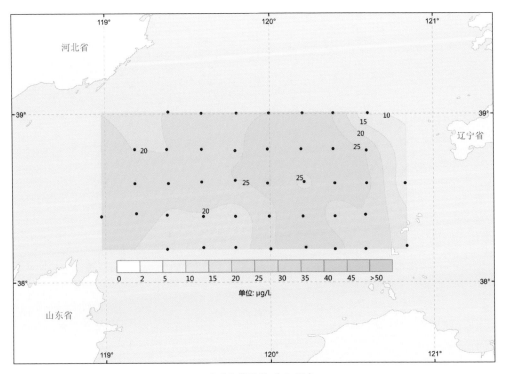

4- 活性磷酸盐（冬季）

2.1.10.3 底层

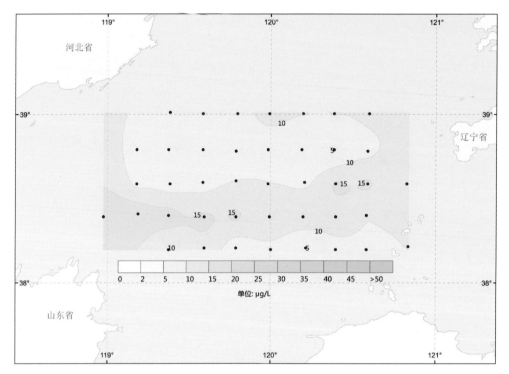

1- 活性磷酸盐（春季）

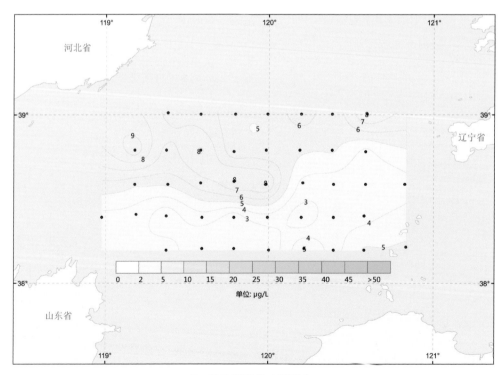

2- 活性磷酸盐（夏季）

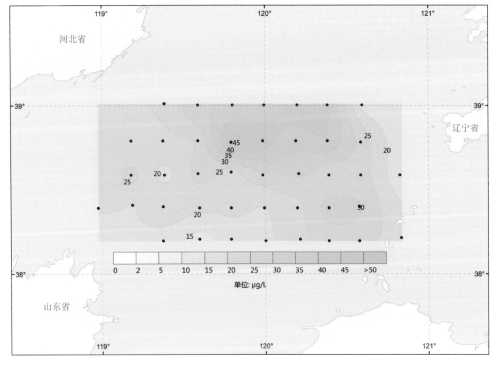

3- 活性磷酸盐（秋季）

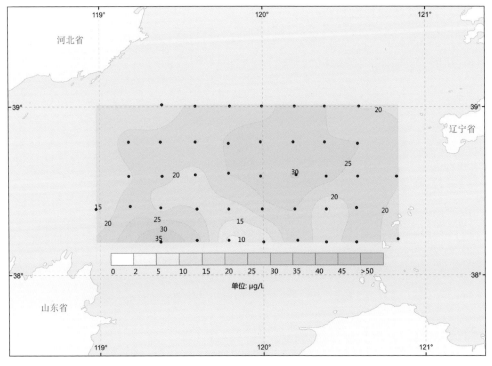

4- 活性磷酸盐（冬季）

2.1.11 石油类分布图
2.1.11.1 *表层*

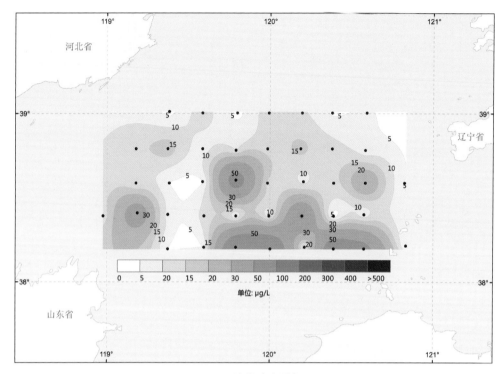

1- 石油类（春季）

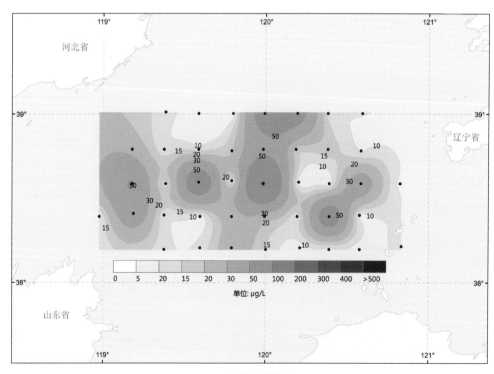

2- 石油类（夏季）

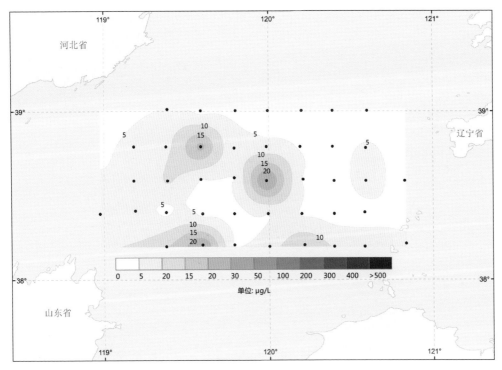

3- 石油类（秋季）

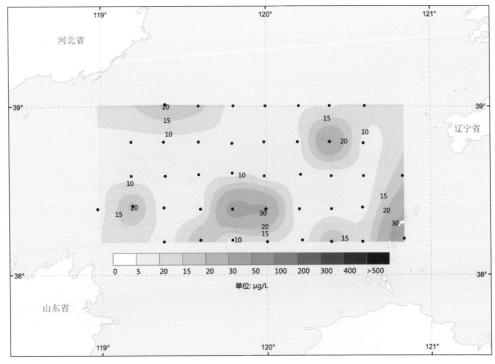

4- 石油类（冬季）

2.1.11.2 中层

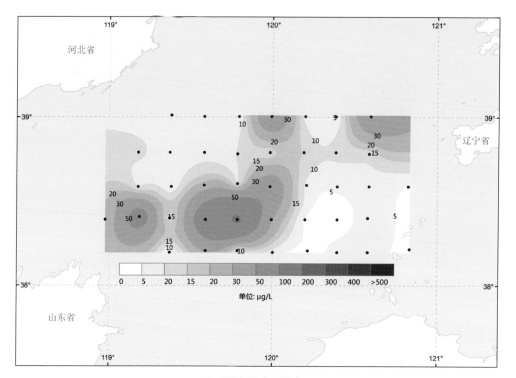

1- 石油类（春季）

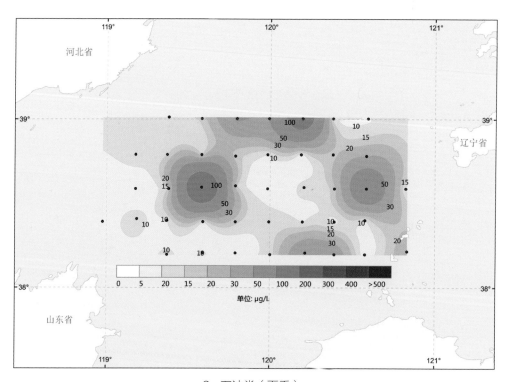

2- 石油类（夏季）

Distributions of eco-environmental monitoring factors in the central Bohai Sea in 2013

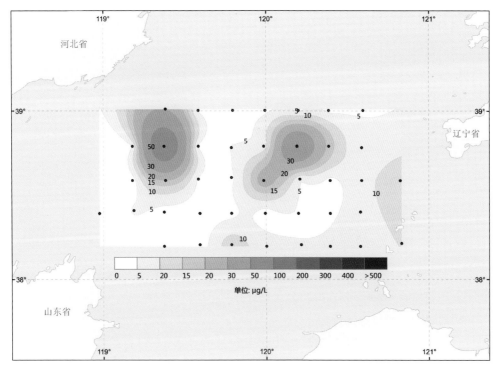

3- 石油类（秋季）

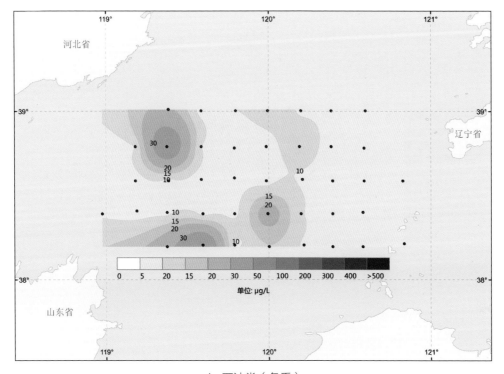

4- 石油类（冬季）

2.1.11.3 底层

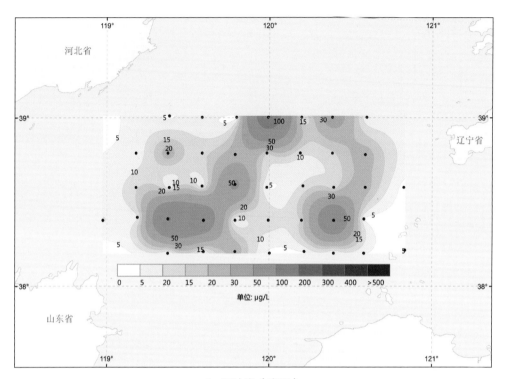

1- 石油类（春季）

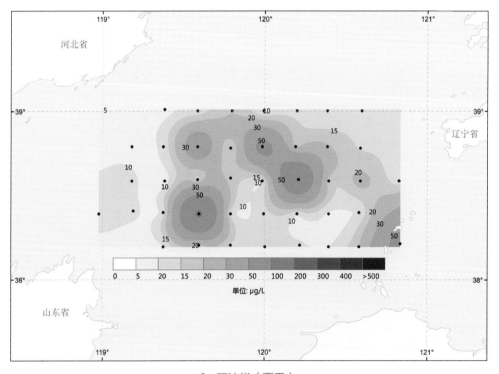

2- 石油类（夏季）

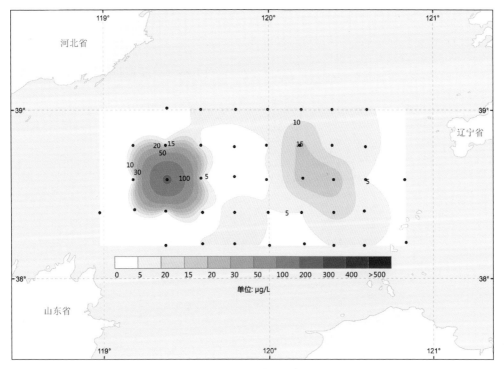

3- 石油类（秋季）

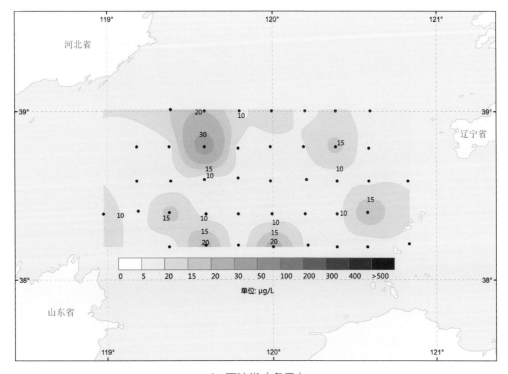

4- 石油类（冬季）

2.1.12　Cu 分布图

2.1.12.1　表层

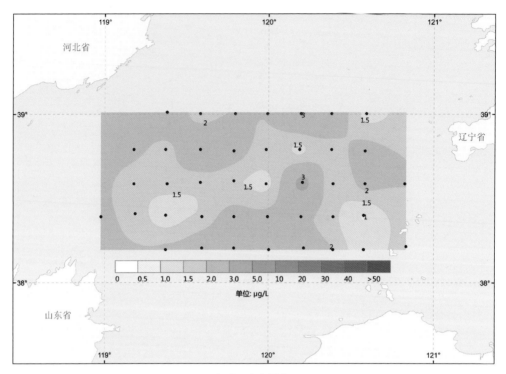

1-Cu（春季）

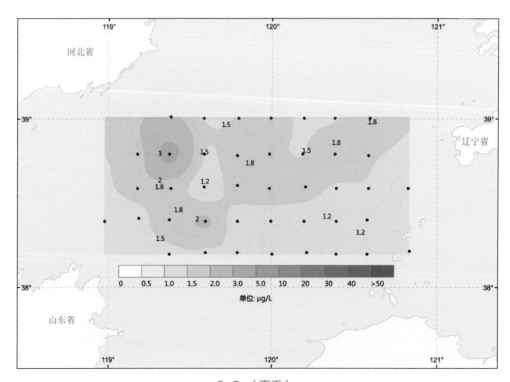

2-Cu（夏季）

Distributions of eco-environmental monitoring factors in the central Bohai Sea in 2013

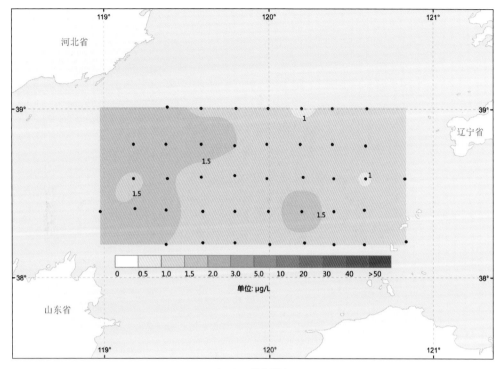

3-Cu（秋季）

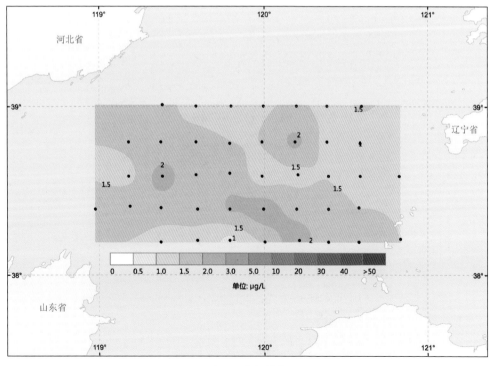

4-Cu（冬季）

2.1.12.2　中层

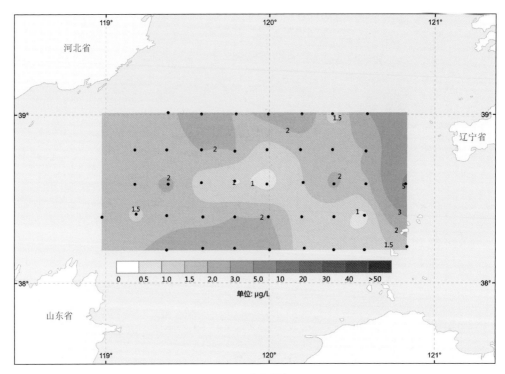

1-Cu（春季）

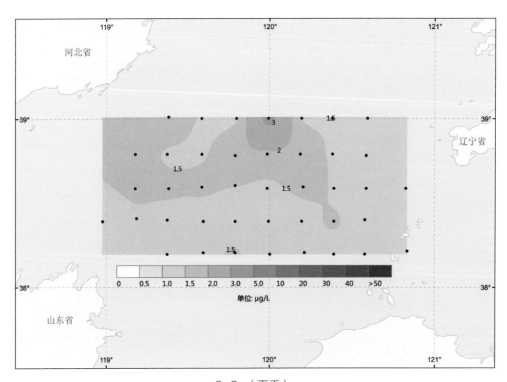

2-Cu（夏季）

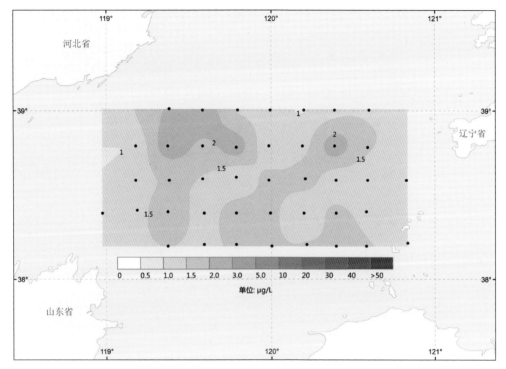

3-Cu（秋季）

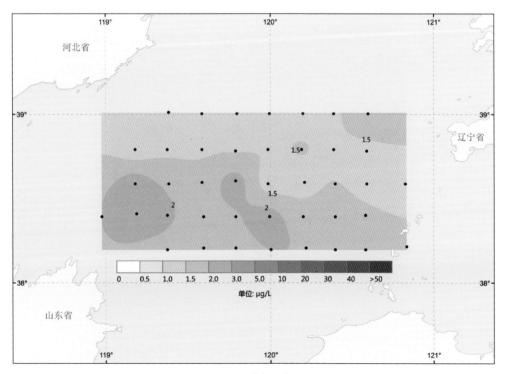

4-Cu（冬季）

2.1.12.3　底层

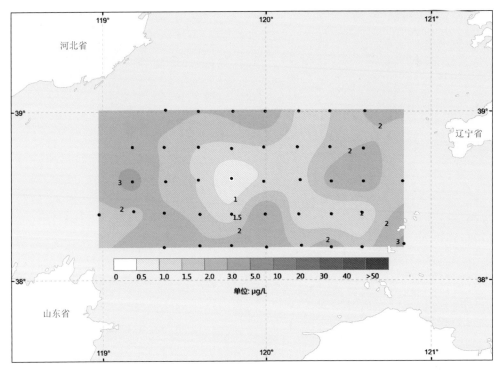

1-Cu（春季）

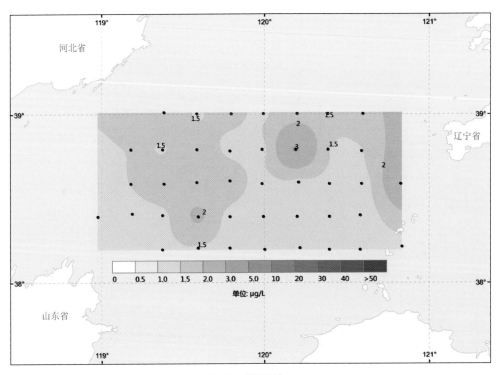

2-Cu（夏季）

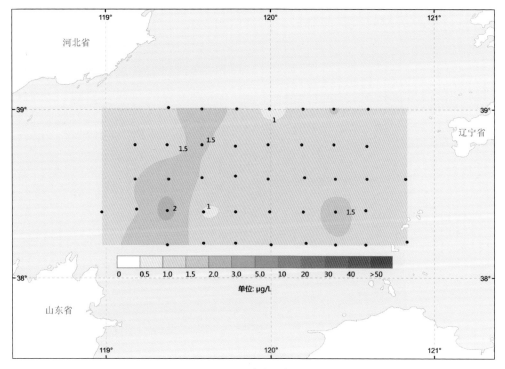

3-Cu（秋季）

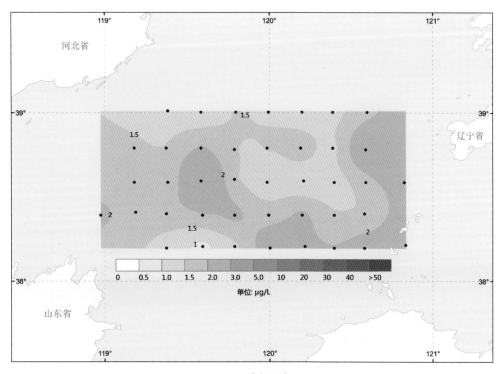

4-Cu（冬季）

2.1.13 Pb 分布图

2.1.13.1 表层

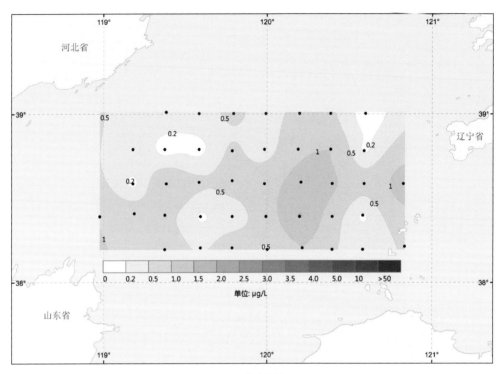

1-Pb（春季）

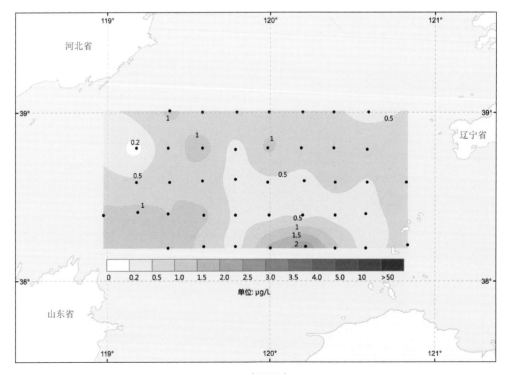

2-Pb（夏季）

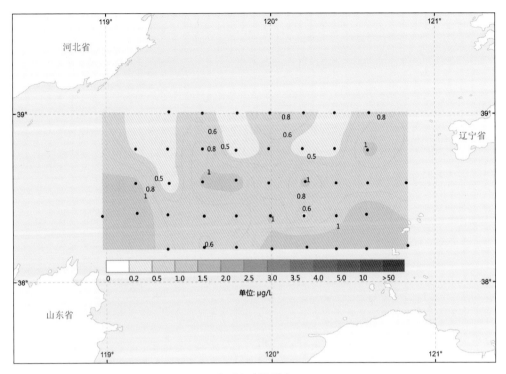

3-Pb（秋季）

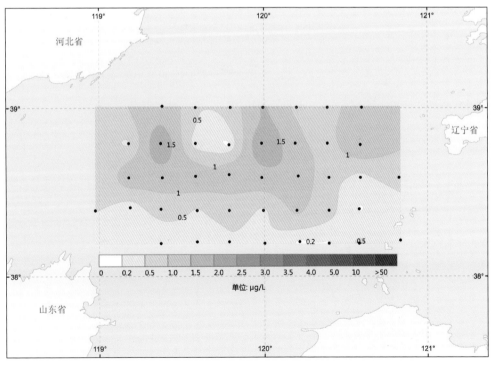

4-Pb（冬季）

2.1.13.2　中层

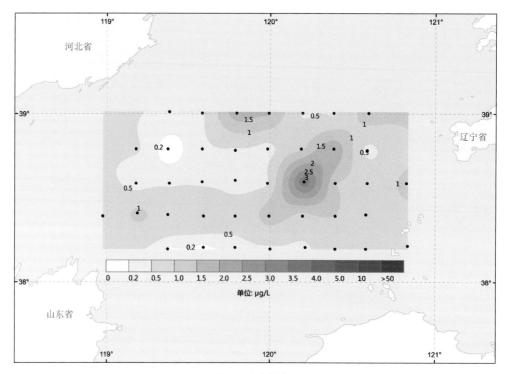

1-Pb（春季）

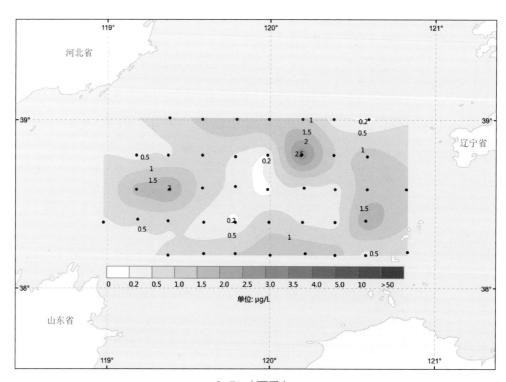

2-Pb（夏季）

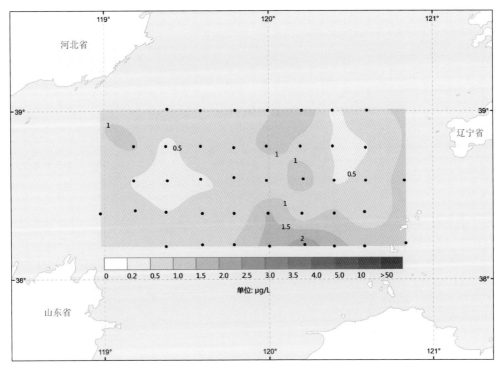

3-Pb（秋季）

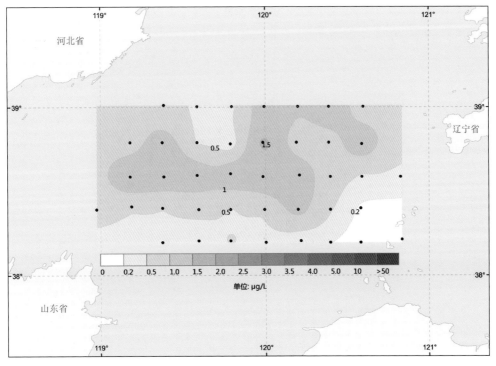

4-Pb（冬季）

2.1.13.3　底层

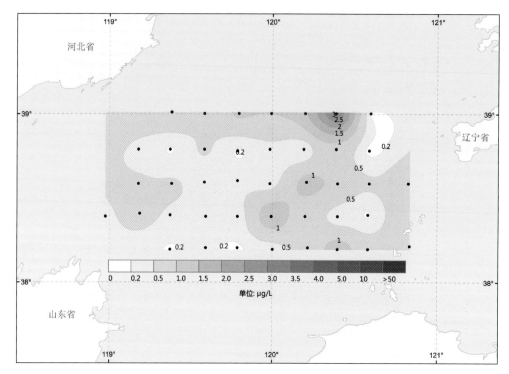

1-Pb（春季）

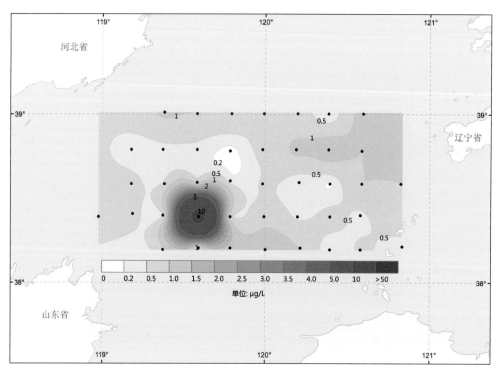

2-Pb（夏季）

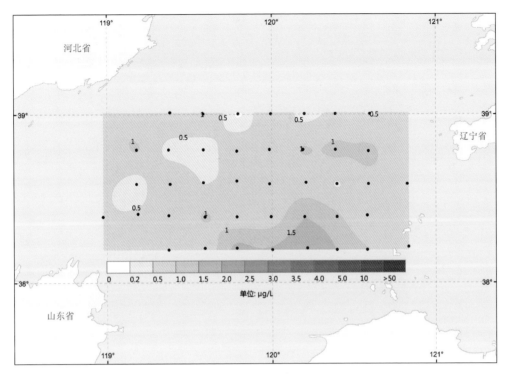

3-Pb（秋季）

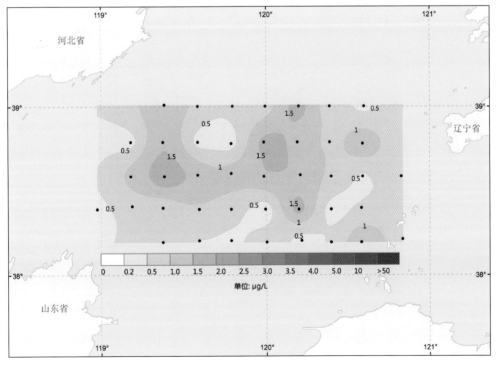

4-Pb（冬季）

2.1.14　Zn 分布图
2.1.14.1　表层

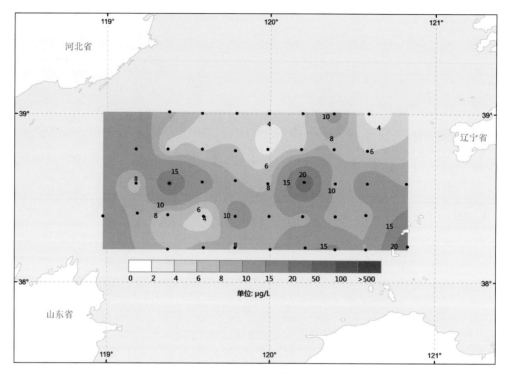

1-Zn（春季）

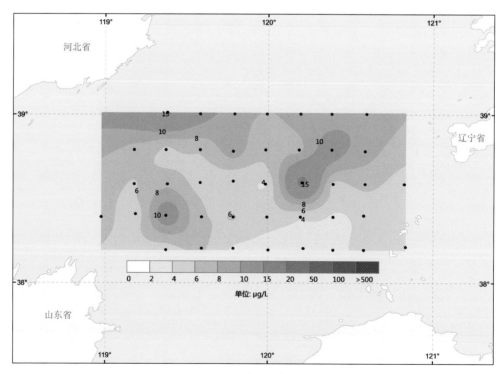

2-Zn（夏季）

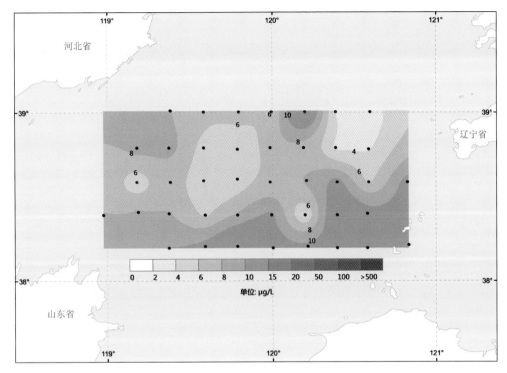

3-Zn（秋季）

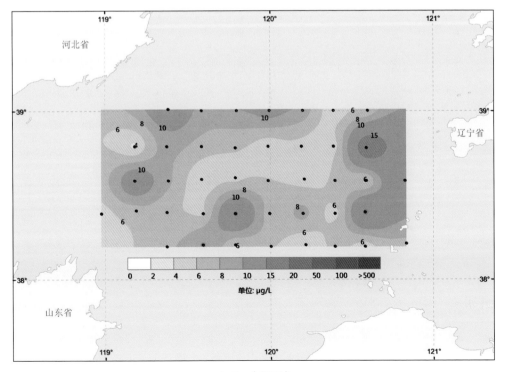

4-Zn（冬季）

2.1.14.2　中层

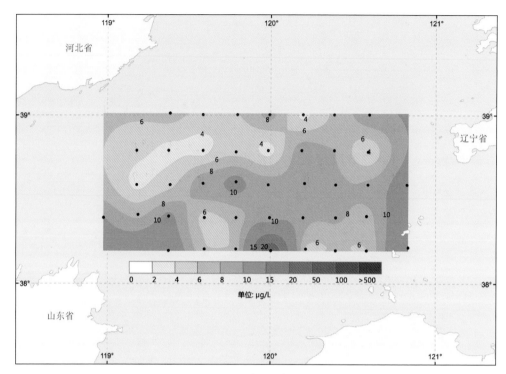

1-Zn（春季）

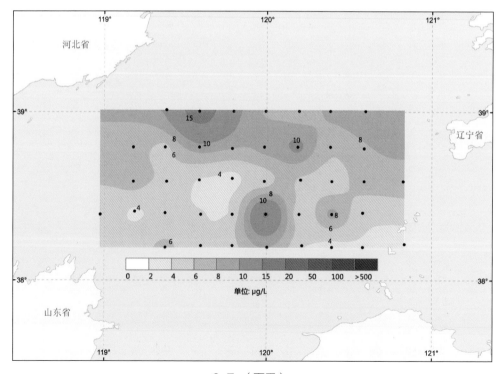

2-Zn（夏季）

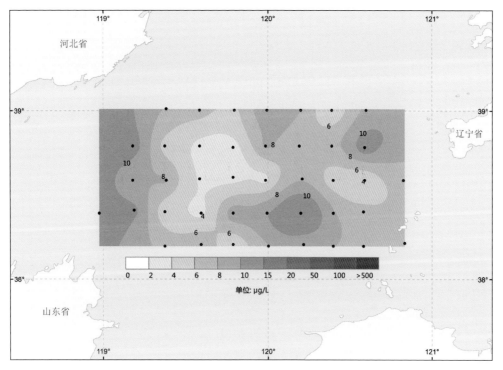

3-Zn（秋季）

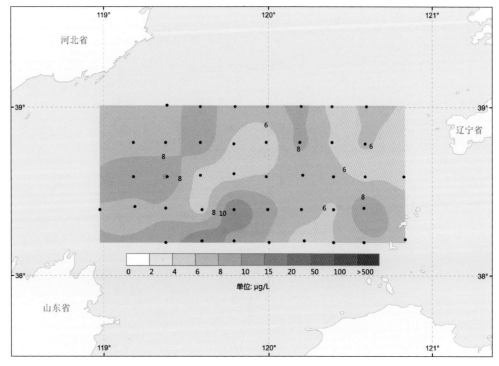

4-Zn（冬季）

2.1.14.3 底层

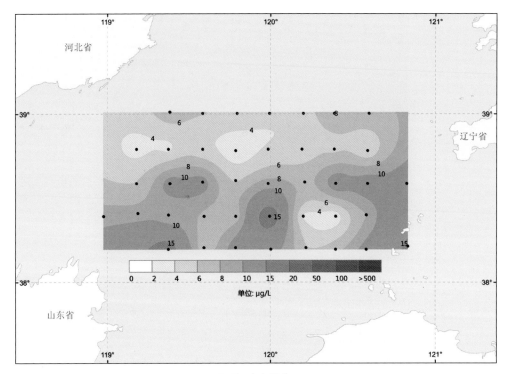

1-Zn（春季）

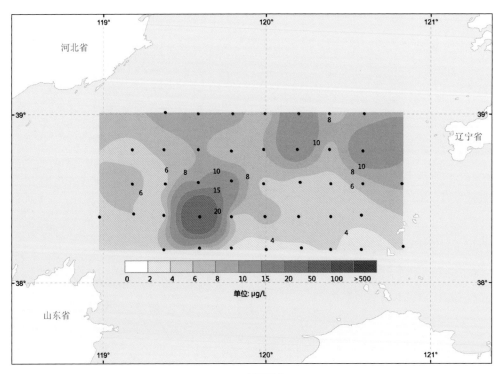

2-Zn（夏季）

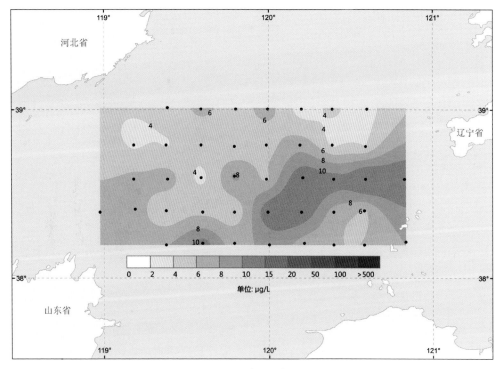

3-Zn（秋季）

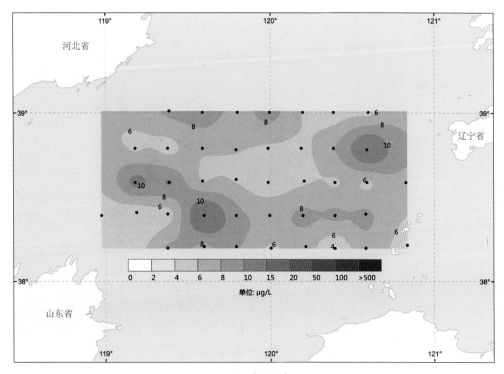

4-Zn（冬季）

2.1.15　Cd 分布图

2.1.15.1　*表层*

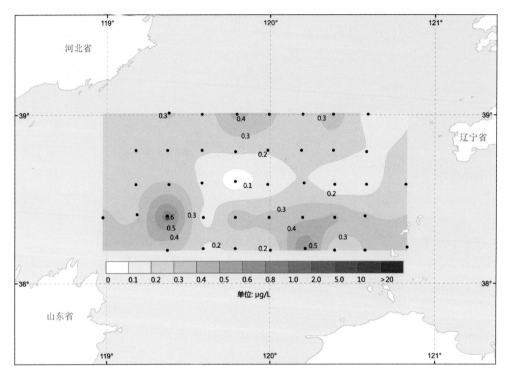

1-Cd（春季）

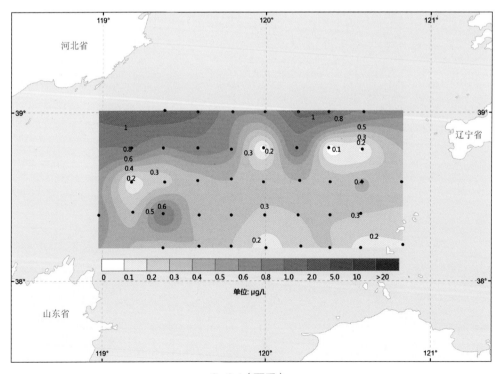

2-Cd（夏季）

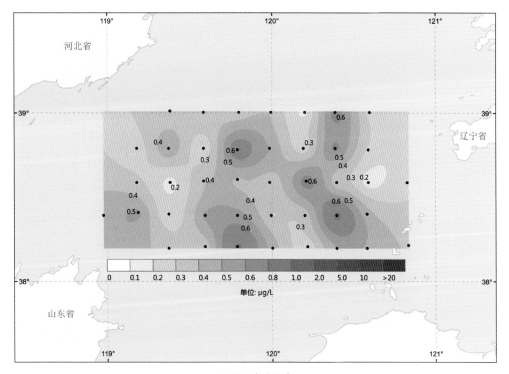

3-Cd（秋季）

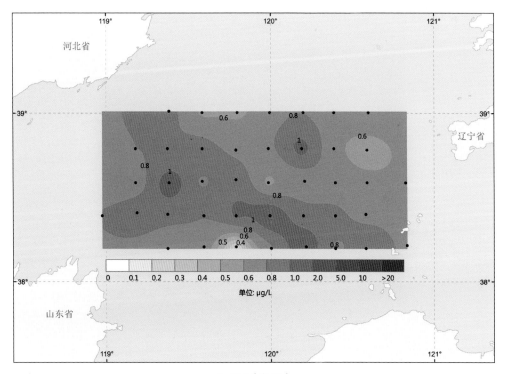

4-Cd（冬季）

2.1.15.2　中层

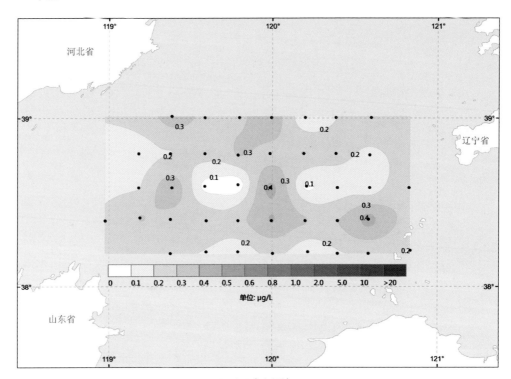

1-Cd（春季）

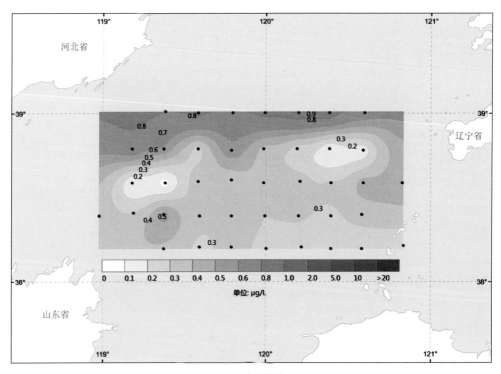

2-Cd（夏季）

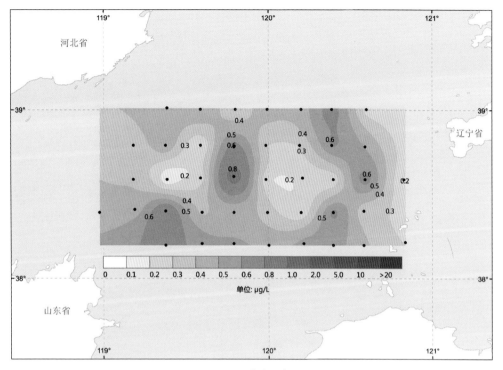

3-Cd（秋季）

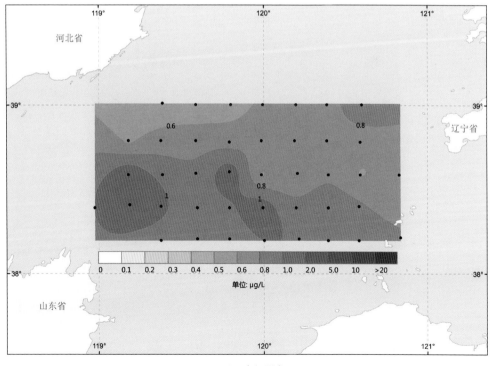

4-Cd（冬季）

2.1.15.3 底层

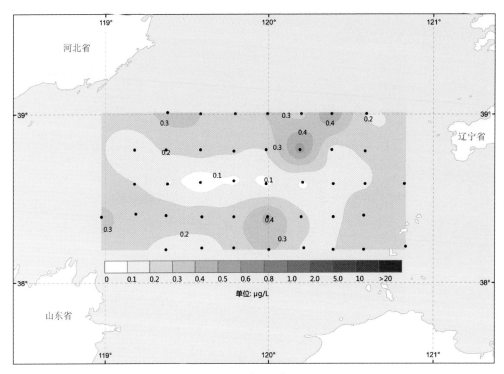

1-Cd（春季）

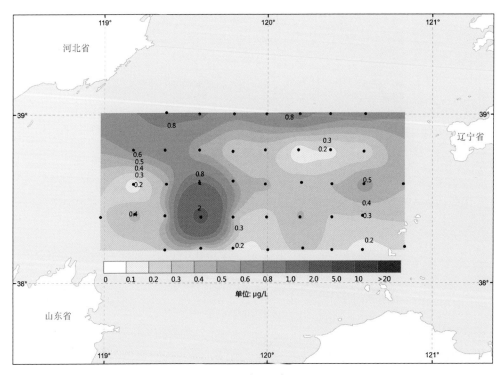

2-Cd（夏季）

Distributions of eco-environmental monitoring factors in the central Bohai Sea in 2013

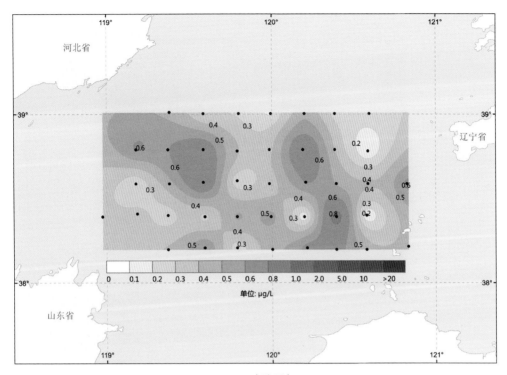

3-Cd（秋季）

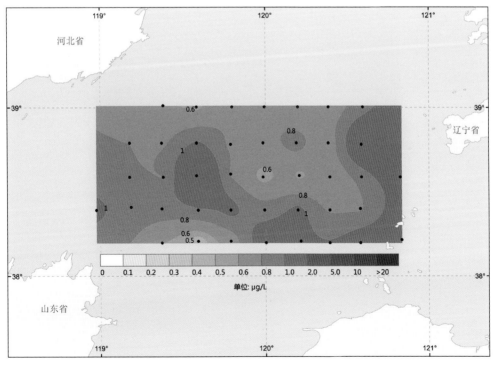

4-Cd（冬季）

2.1.16　Hg 分布图
2.1.16.1　表层

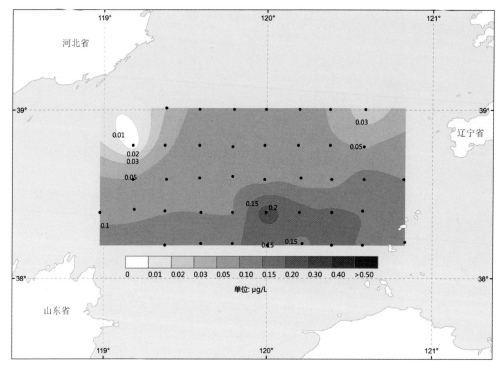

1-Hg（春季）

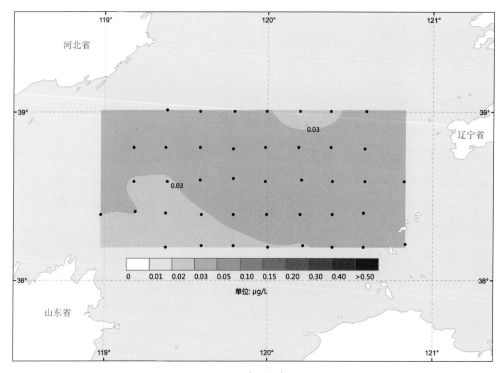

2-Hg（夏季）

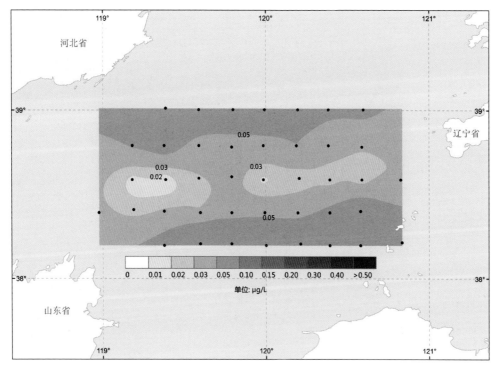

3-Hg（秋季）

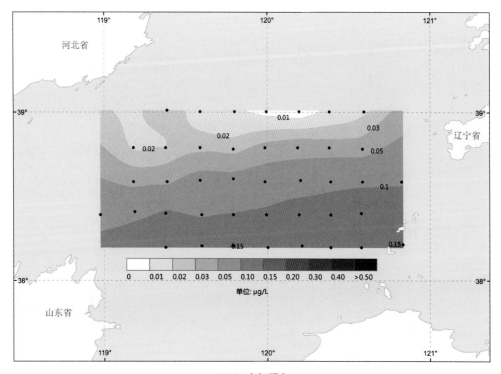

4-Hg（冬季）

2.1.16.2 中层

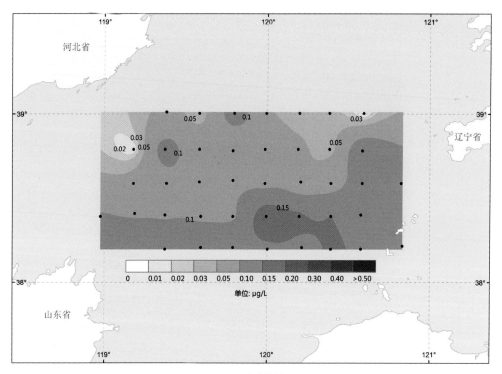

1-Hg（春季）

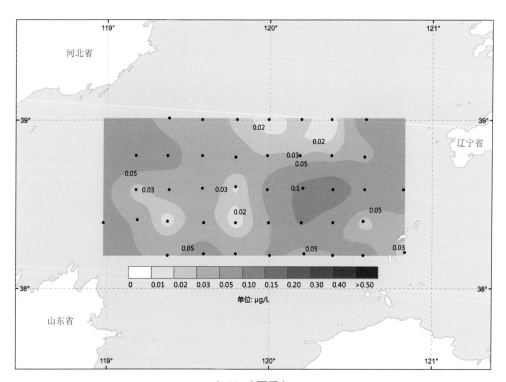

2-Hg（夏季）

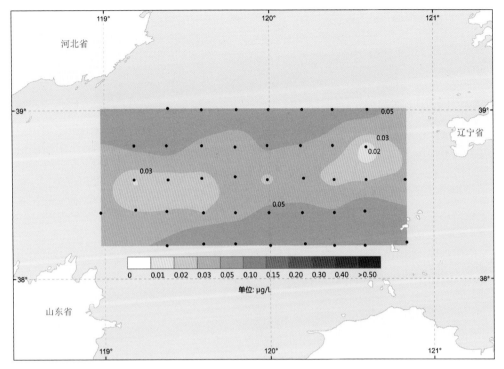

3-Hg（秋季）

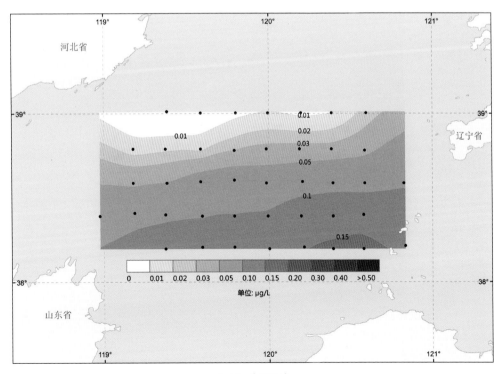

4-Hg（冬季）

2.1.16.3 底层

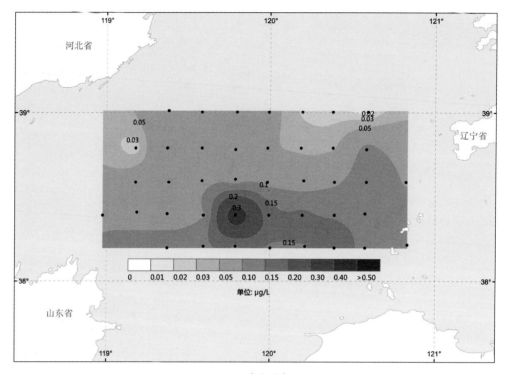

1-Hg（春季）

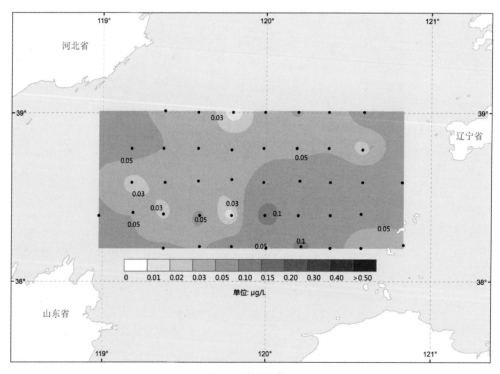

2-Hg（夏季）

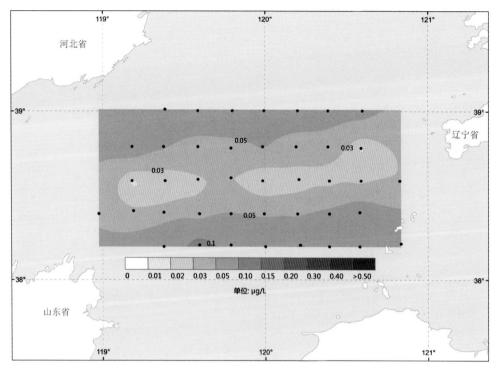

3-Hg（秋季）

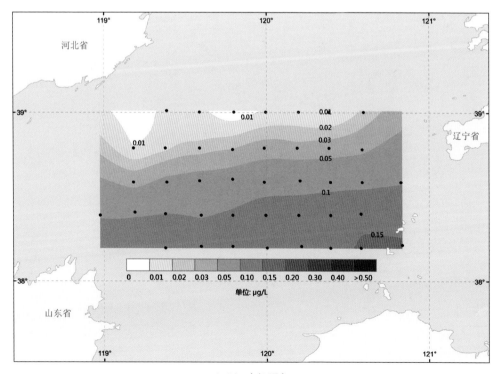

4-Hg（冬季）

2.1.17　As 分布图

2.1.17.1　表层

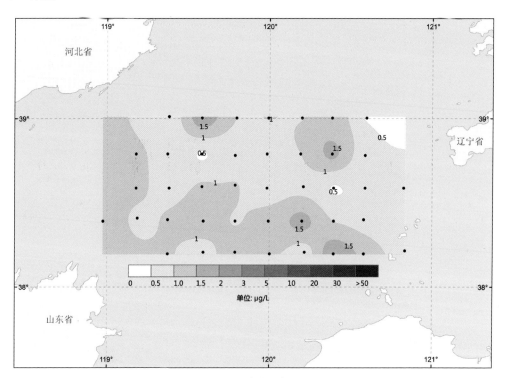

1-As（春季）

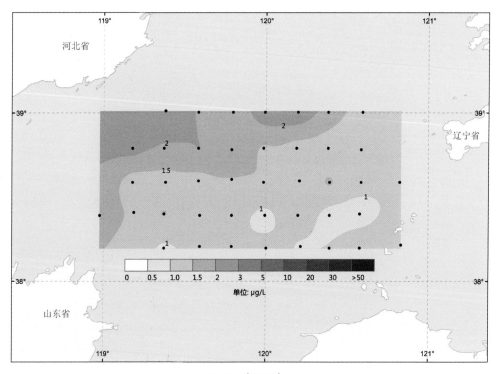

2-As（夏季）

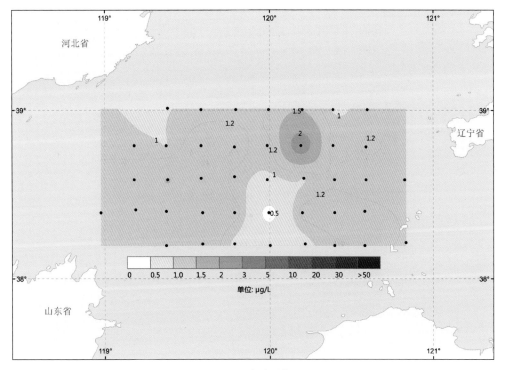

3-As（秋季）

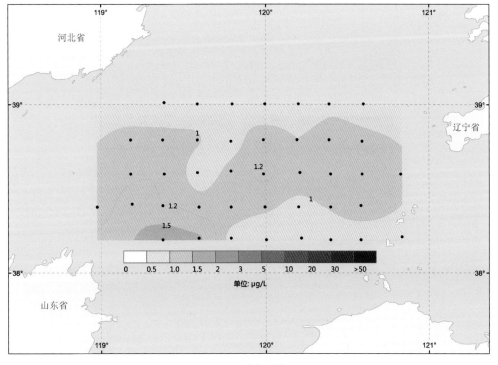

4-As（冬季）

2.1.17.2　中层

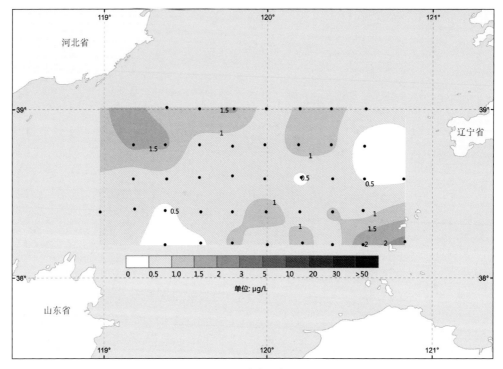

1-As（春季）

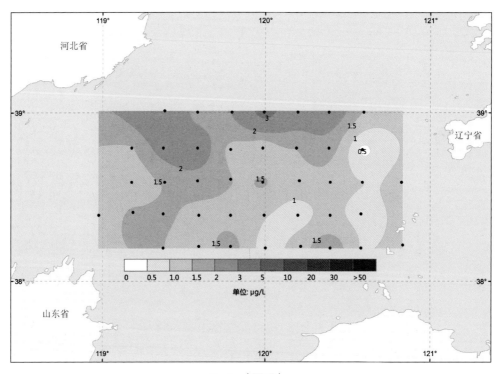

2-As（夏季）

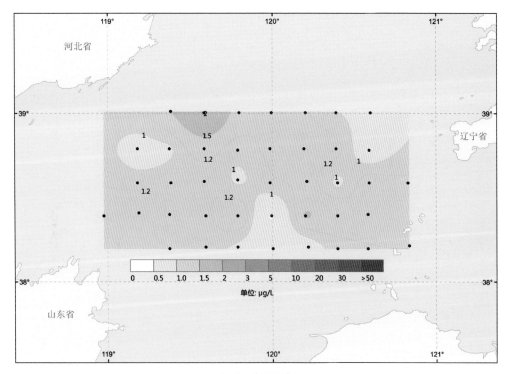

3-As（秋季）

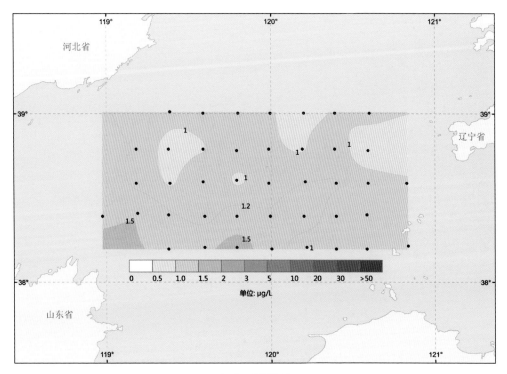

4-As（冬季）

2.1.17.3 底层

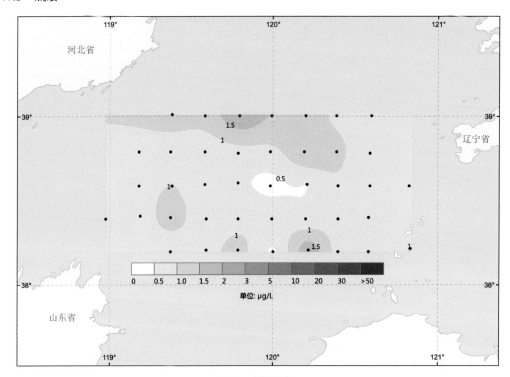

1-As（春季）

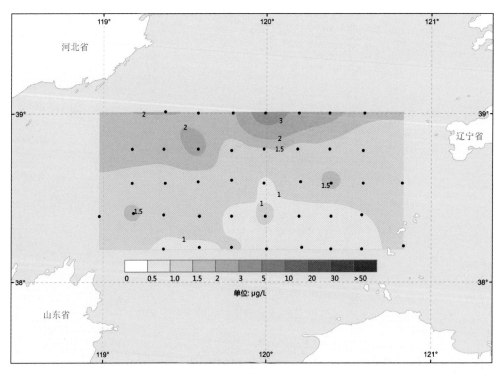

2-As（夏季）

Distributions of eco-environmental monitoring factors in the central Bohai Sea in 2013

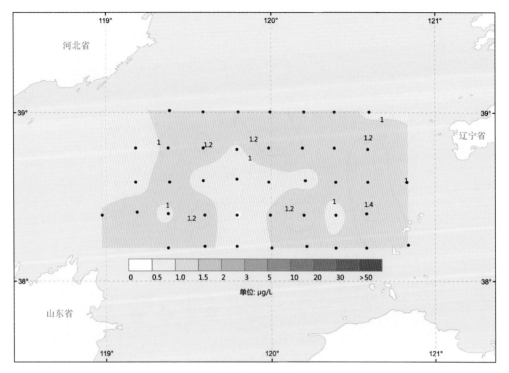

3-As（秋季）

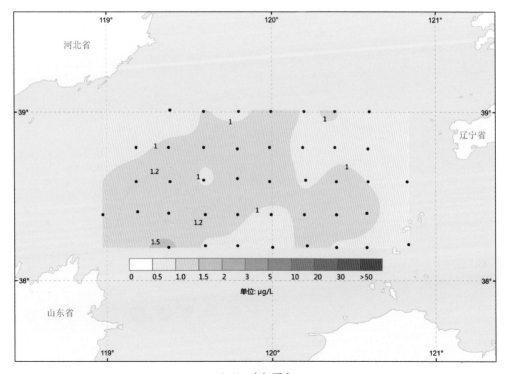

4-As（冬季）

2.2 沉积环境

2.2.1 石油类分布图

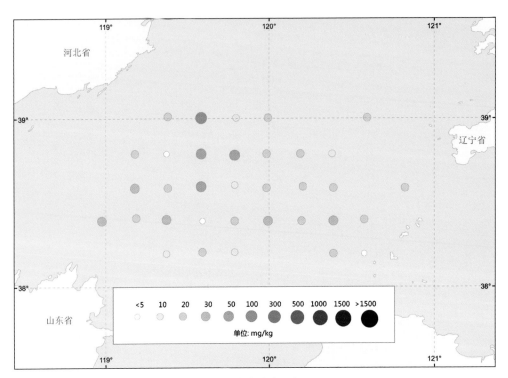

1- 石油类（春季）

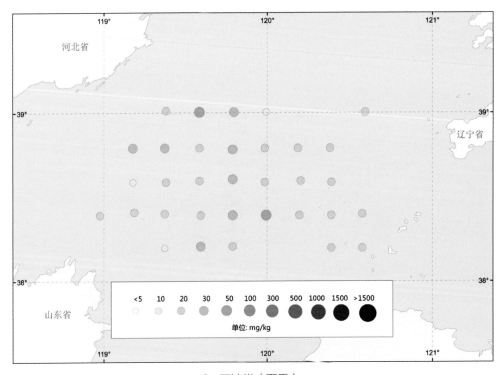

2- 石油类（夏季）

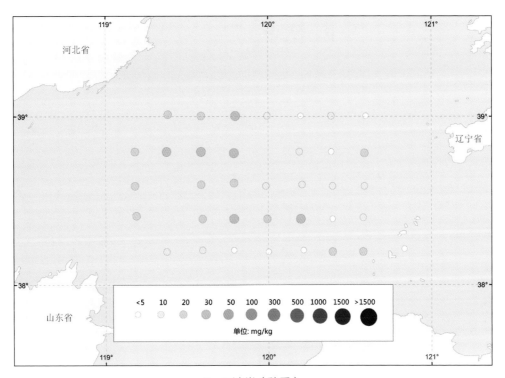

3- 石油类（秋季）

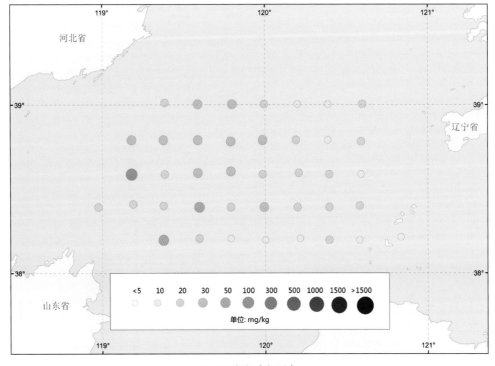

4- 石油类（冬季）

2.2.2 Cu 分布图

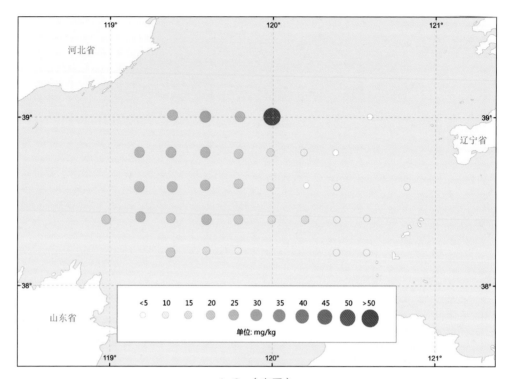

1-Cu（春季）

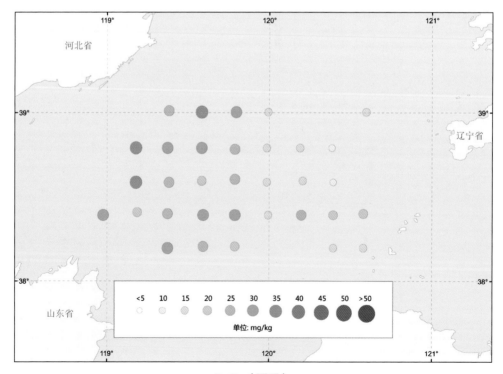

2-Cu（夏季）

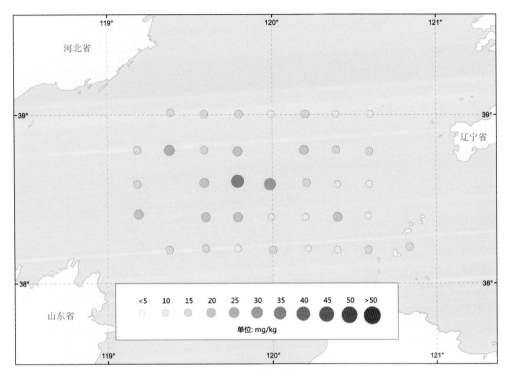

3-Cu（秋季）

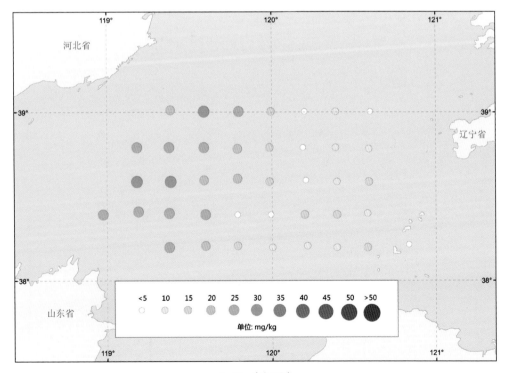

4-Cu（冬季）

2.2.3 Pb 分布图

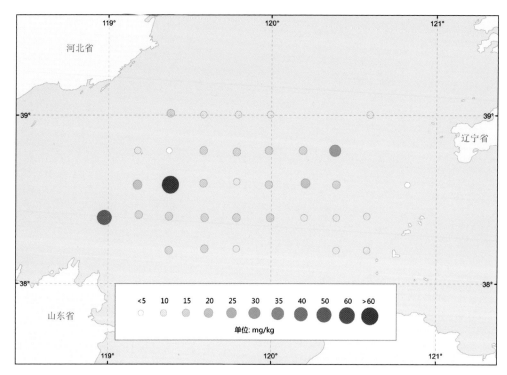

1-Pb（春季）

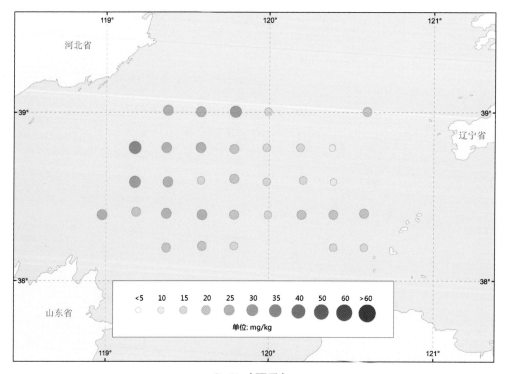

2-Pb（夏季）

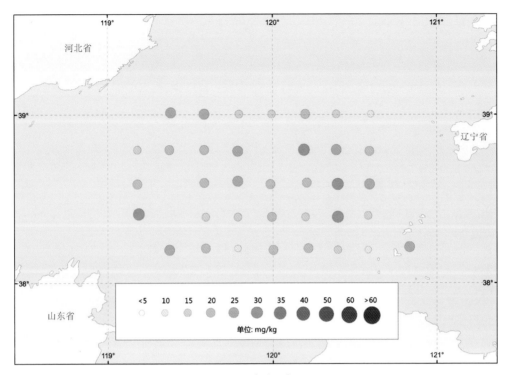

3-Pb（秋季）

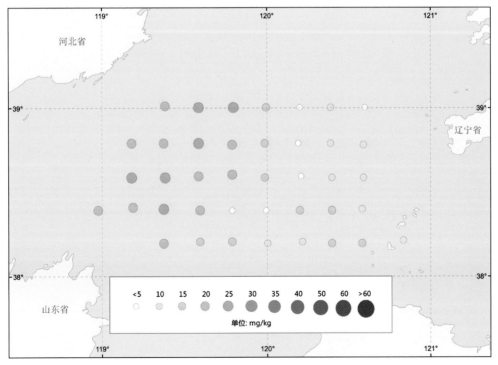

4-Pb（冬季）

2.2.4 Zn 分布图

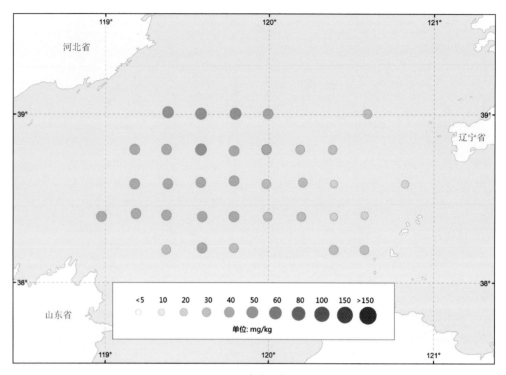

1-Zn（春季）

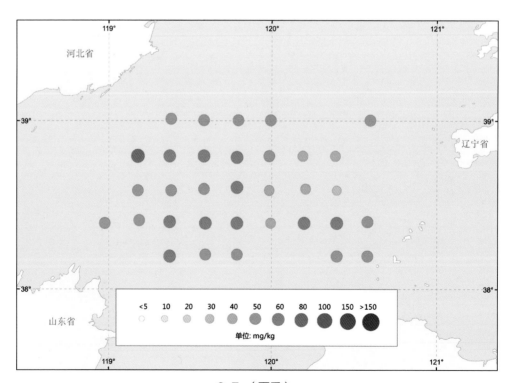

2-Zn（夏季）

Distributions of eco-environmental monitoring factors in the central Bohai Sea in 2013

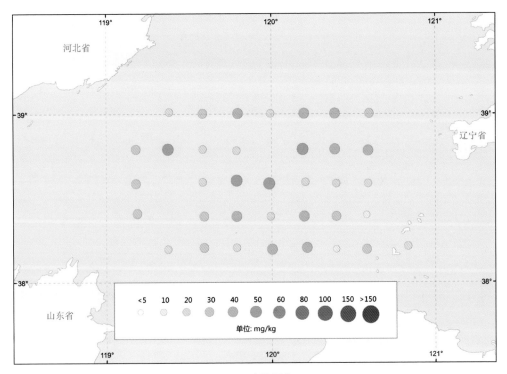

3-Zn（秋季）

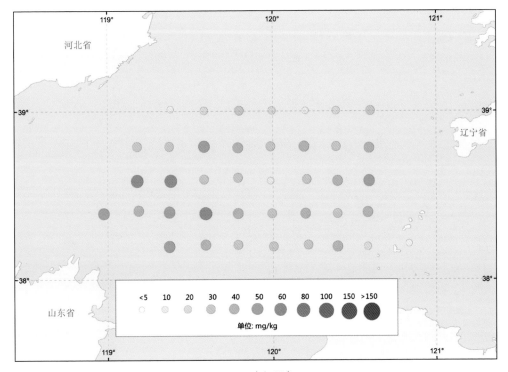

4-Zn（冬季）

2.2.5　Cd 分布图

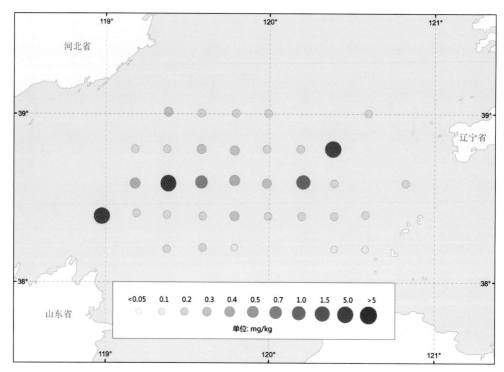

1-Cd（春季）

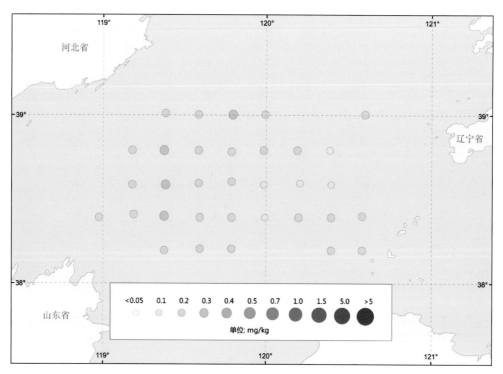

2-Cd（夏季）

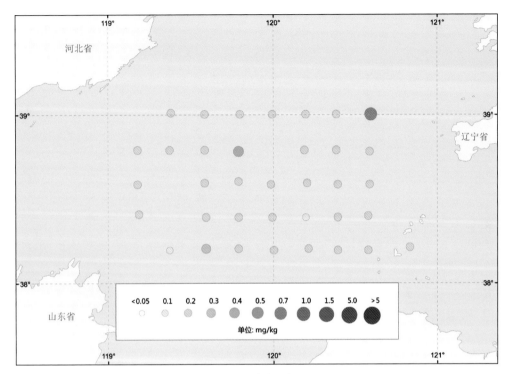

3-Cd（秋季）

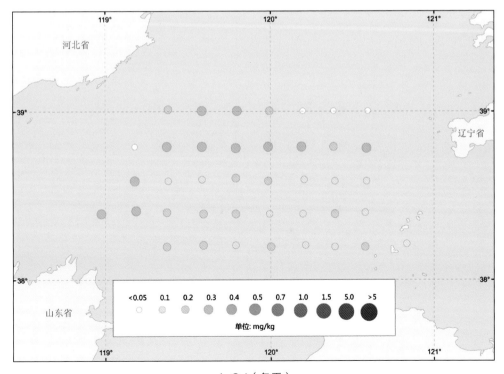

4-Cd（冬季）

2.2.6 Hg 分布图

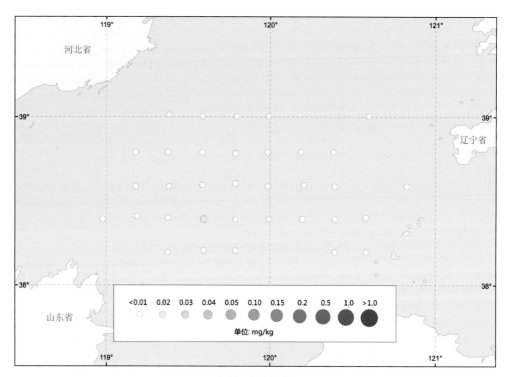

1-Hg（春季）

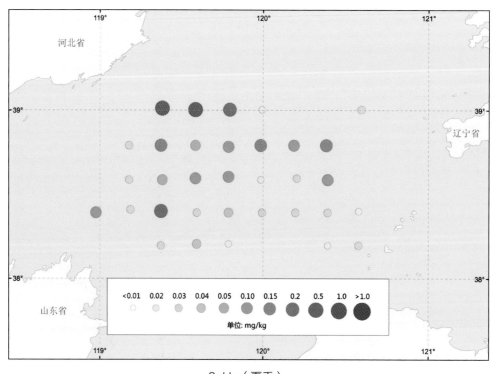

2-Hg（夏季）

Distributions of eco-environmental monitoring factors in the central Bohai Sea in 2013

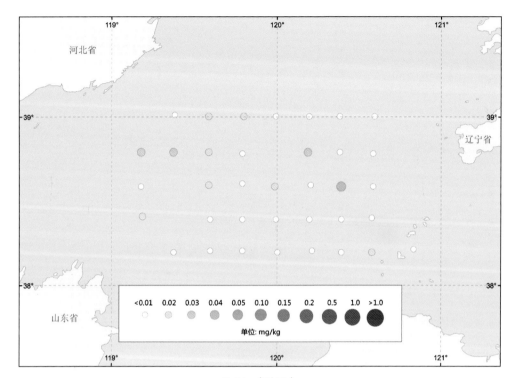

3-Hg（秋季）

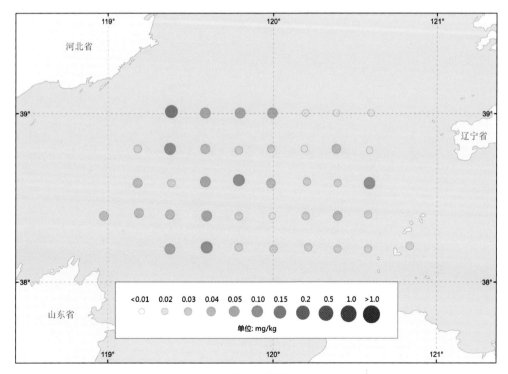

4-Hg（冬季）

2.2.7 As 分布图

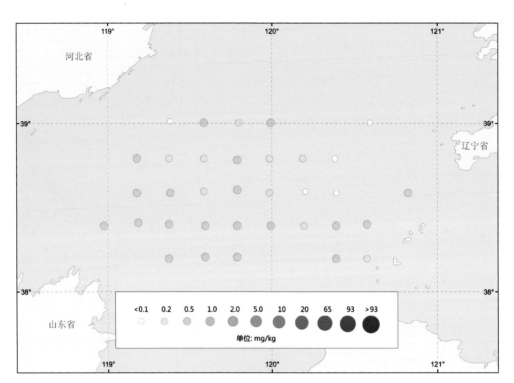

1-As（春季）

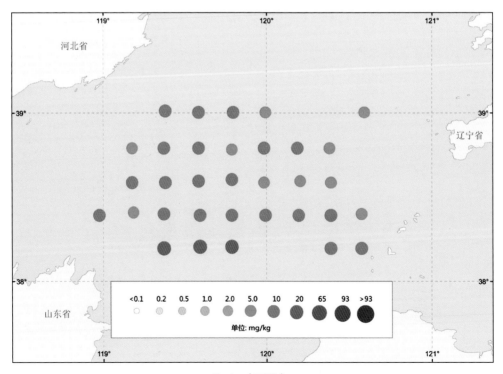

2-As（夏季）

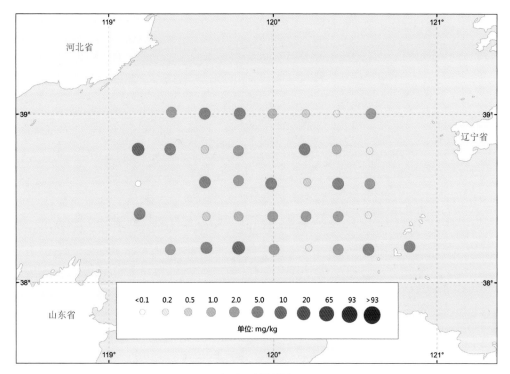

3-As（秋季）

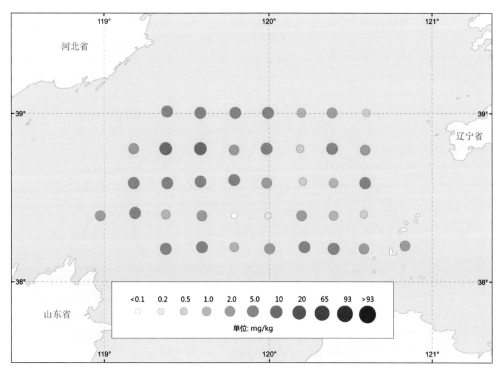

4-As（冬季）

2.3 生物环境

2.3.1 叶绿素分布图

2.3.1.1 表层

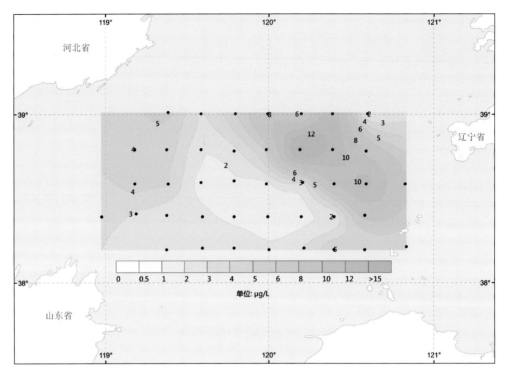

1- 叶绿素（春季）

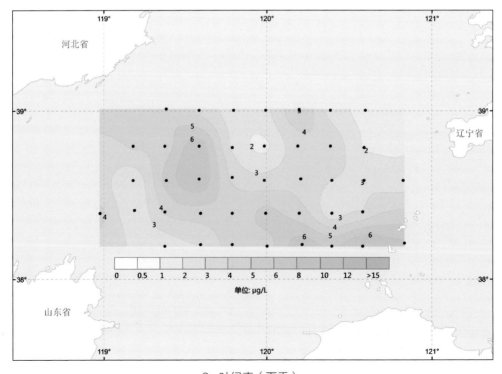

2- 叶绿素（夏季）

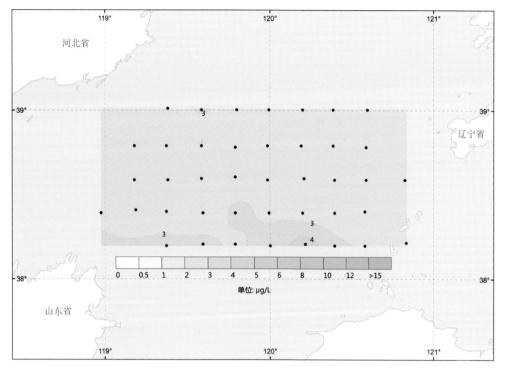

3- 叶绿素（秋季）

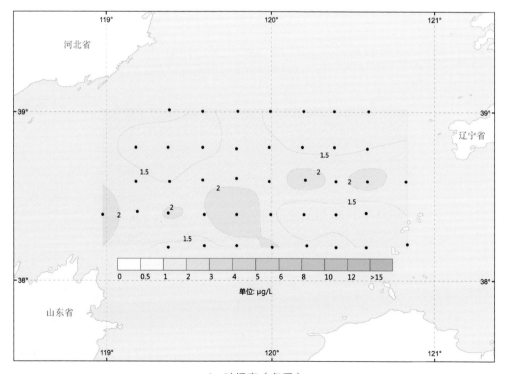

4- 叶绿素（冬季）

2.3.1.2 中层

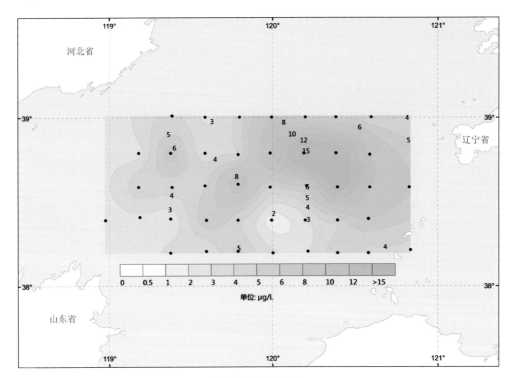

1- 叶绿素（春季）

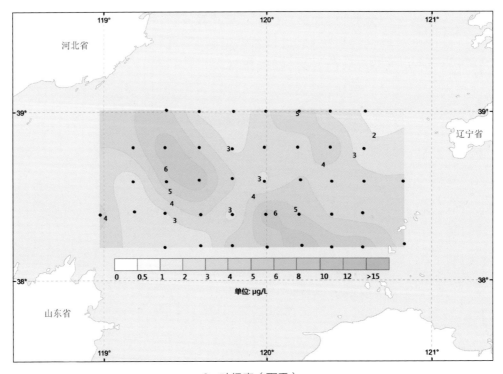

2- 叶绿素（夏季）

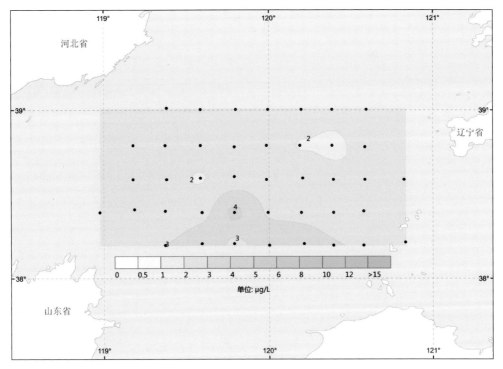

3- 叶绿素（秋季）

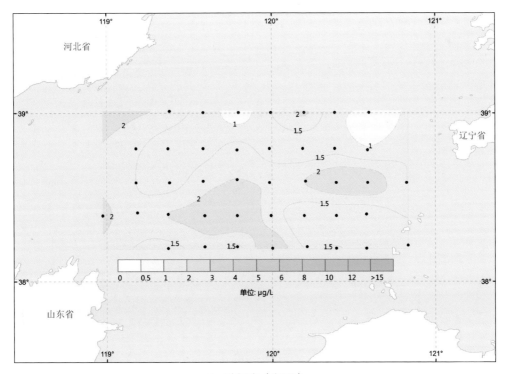

4- 叶绿素（冬季）

2.3.1.3 底层

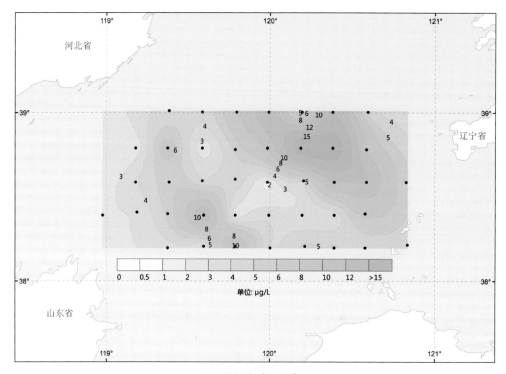

1- 叶绿素（春季）

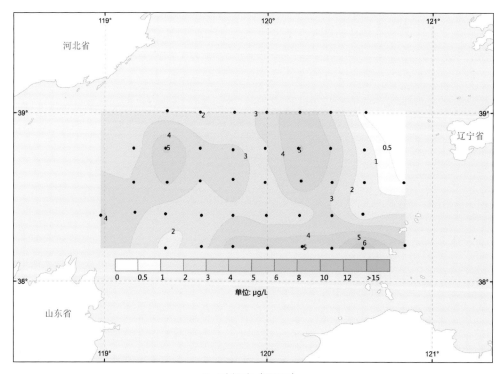

2- 叶绿素（夏季）

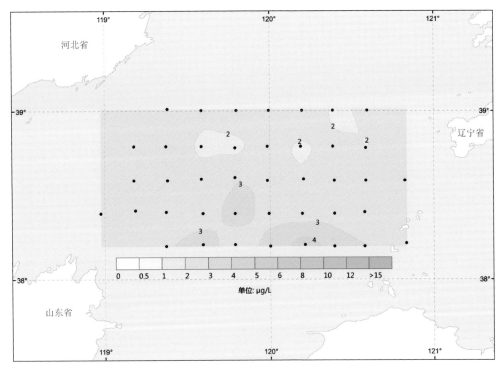

3- 叶绿素（秋季）

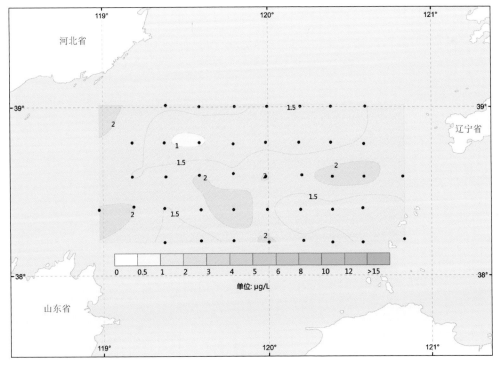

4- 叶绿素（冬季）

2.3.2 浮游植物丰度分布图

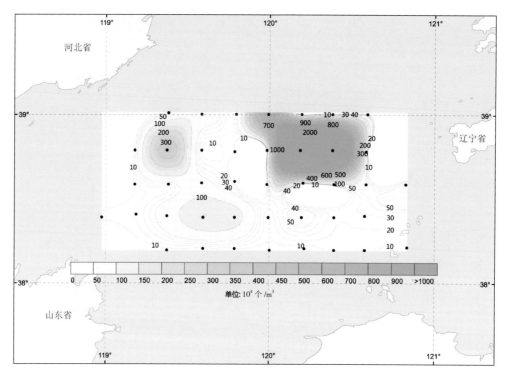

1- 丰度（春季）

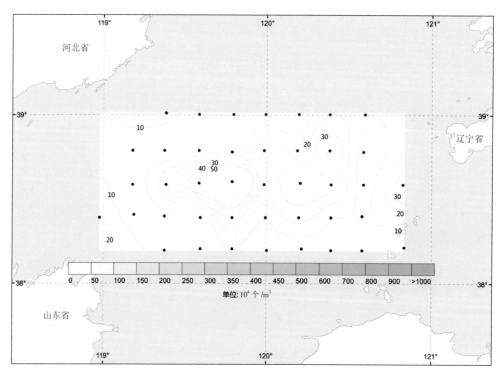

2- 丰度（夏季）

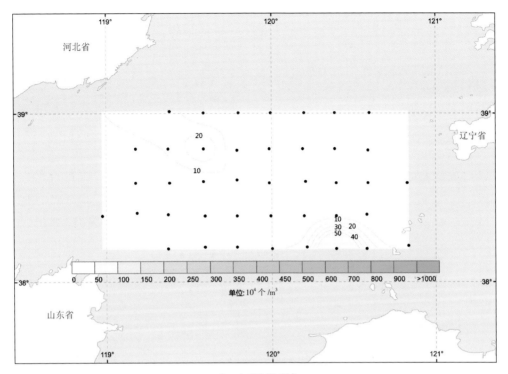

3- 丰度(秋季)

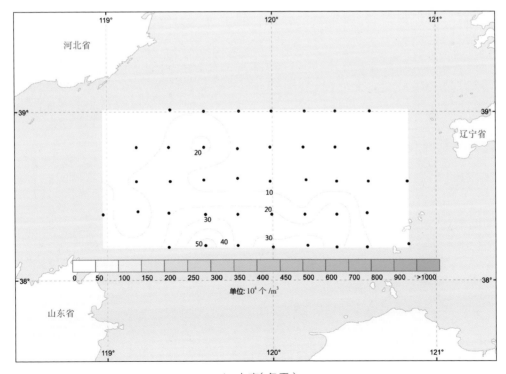

4- 丰度(冬季)

2.3.3　浮游动物分布图

2.3.3.1　丰度

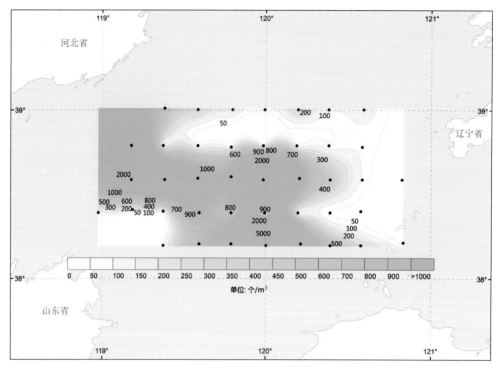

1- 丰度（春季）

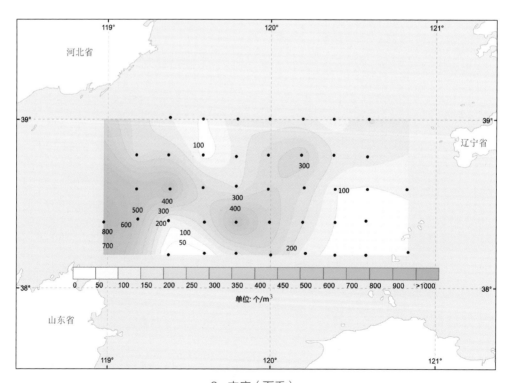

2- 丰度（夏季）

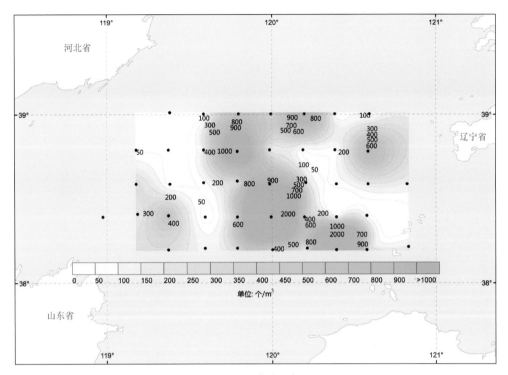

3- 丰度（秋季）

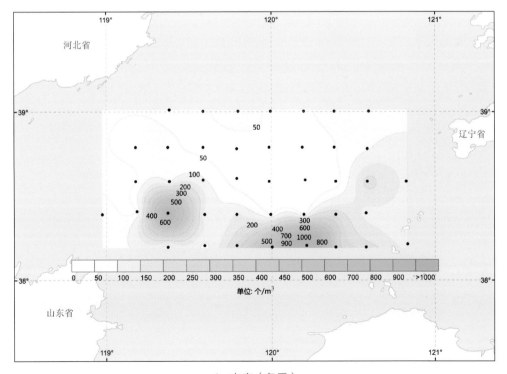

4- 丰度（冬季）

2.3.3.2 生物量

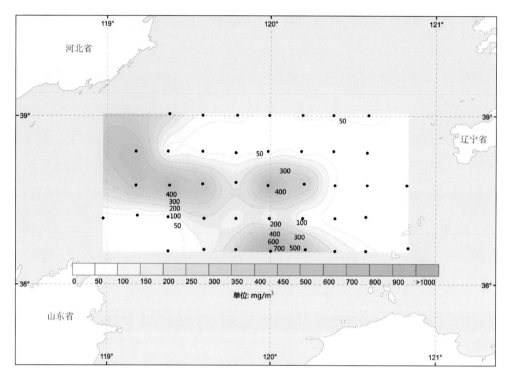

1- 生物量（春季）

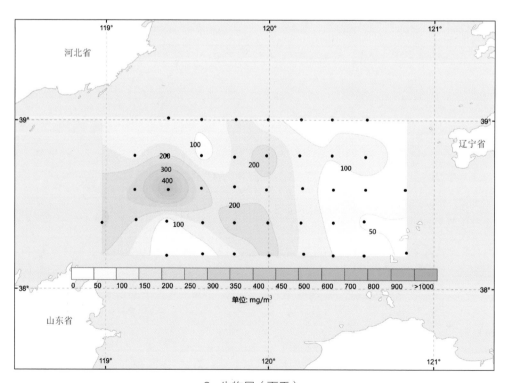

2- 生物量（夏季）

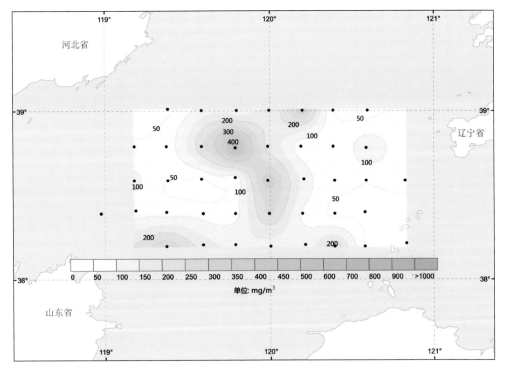

3- 生物量（秋季）

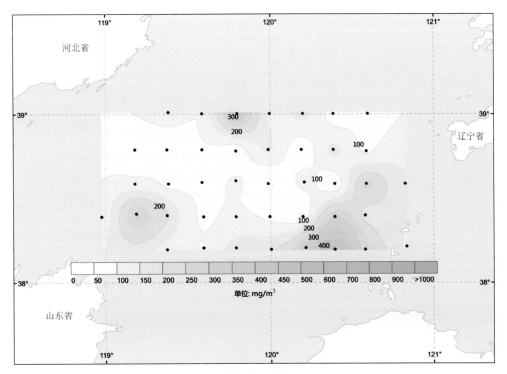

4- 生物量（冬季）

2.3.3.3 多样性

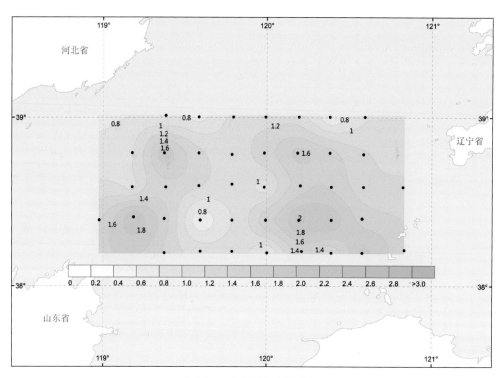

1-Margalef 指数（春季）

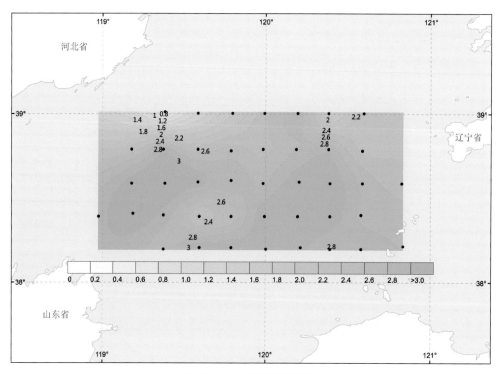

2-Shannon 指数（春季）

Distributions of eco-environmental monitoring factors in the central Bohai Sea in 2013

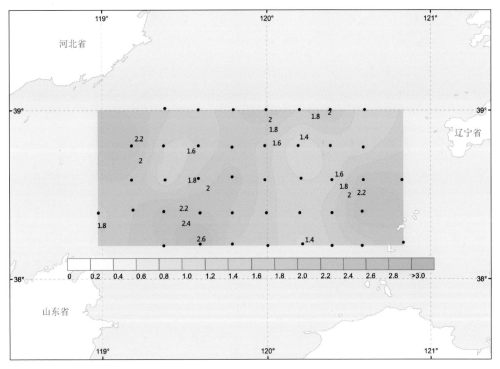

3-Margalef 指数（夏季）

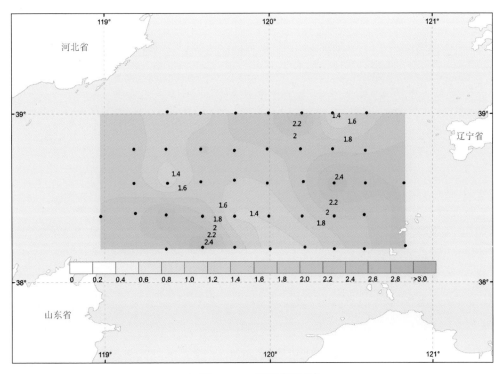

4-Shannon 指数（夏季）

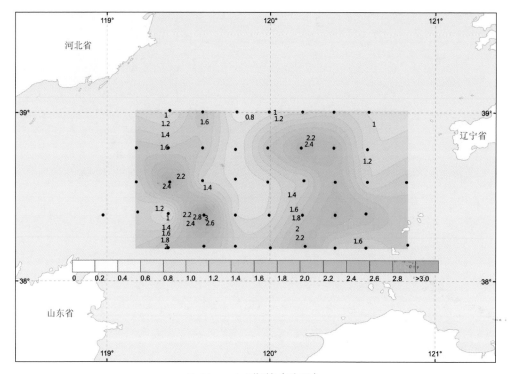

5-Margalef 指数（秋季）

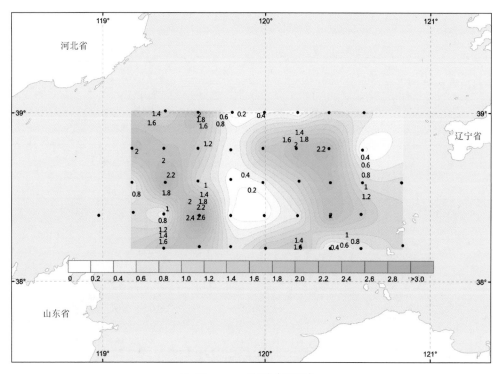

6-Shannon 指数（秋季）

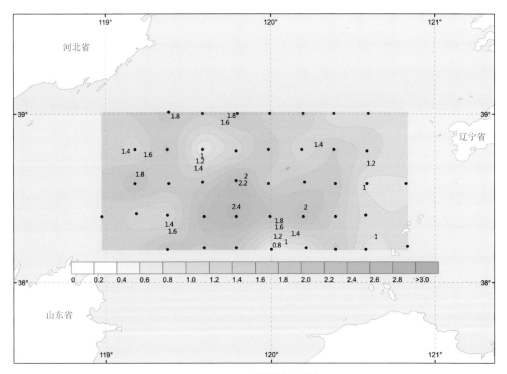

7-Margalef 指数（冬季）

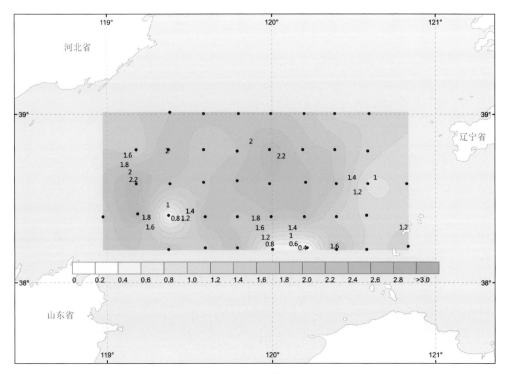

8-Shannon 指数（冬季）

渤海中部生态环境监测图集
Altas of eco-environment in the central Bohai Sea

2014 年渤海中部生态环境监测

Distributions of eco-environmental monitoring factors in the central Bohai Sea in 2014

3.1 海水环境

3.1.1 温度分布图

3.1.1.1 表层

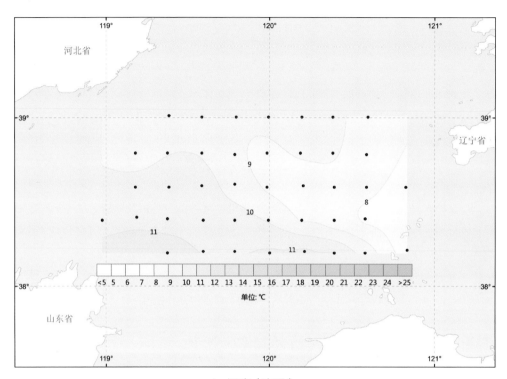

1- 温度（春季）

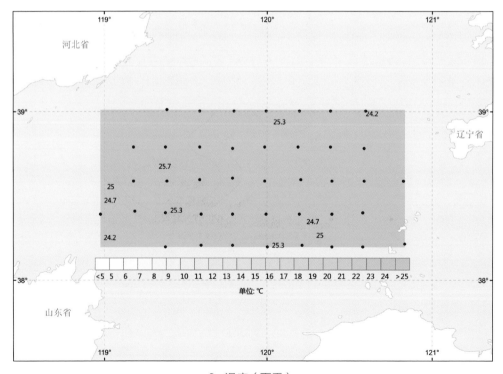

2- 温度（夏季）

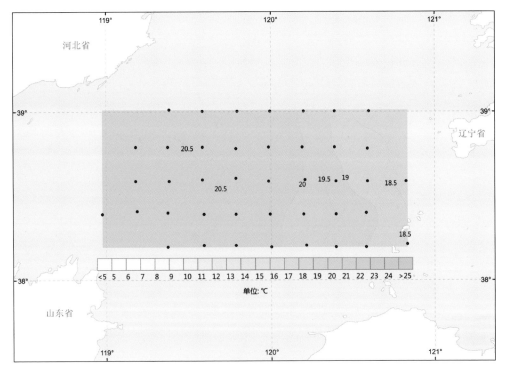

3- 温度（秋季）

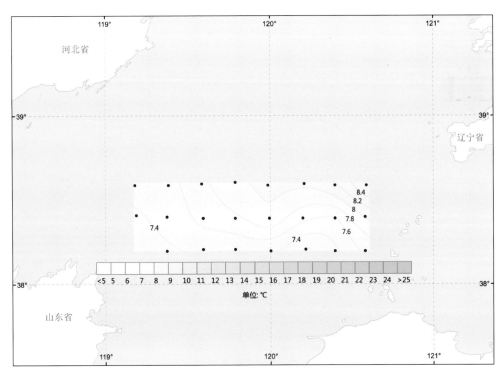

4- 温度（冬季）

3.1.1.2 中层

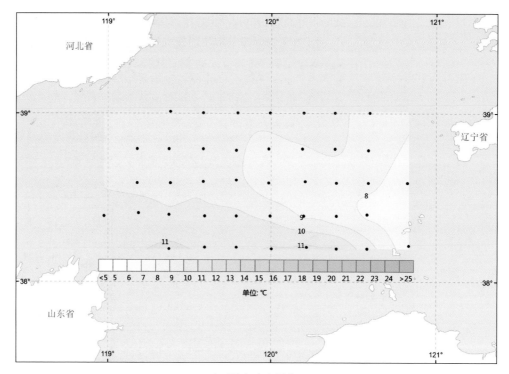

1- 温度（春季）

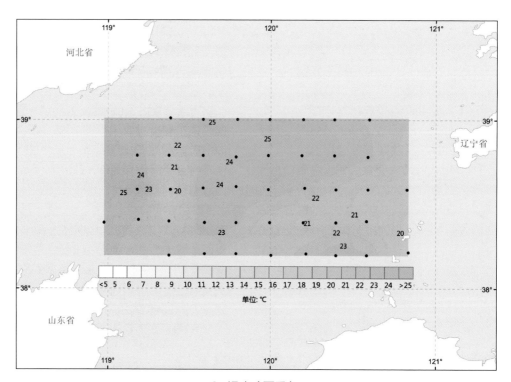

2- 温度（夏季）

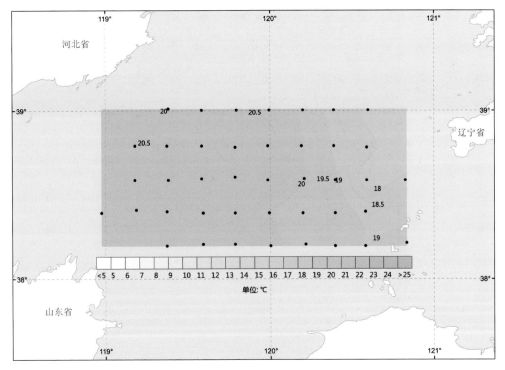

3- 温度（秋季）

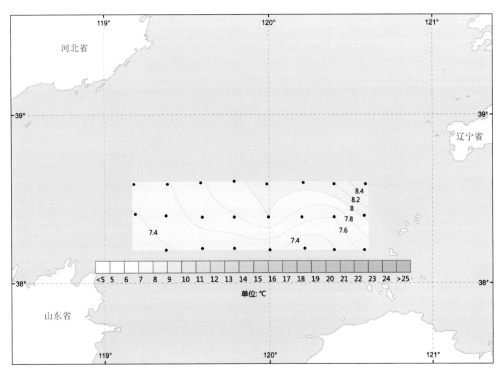

4- 温度（冬季）

3.1.1.3 底层

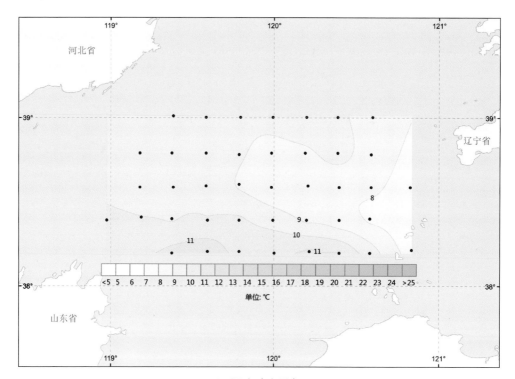

1- 温度（春季）

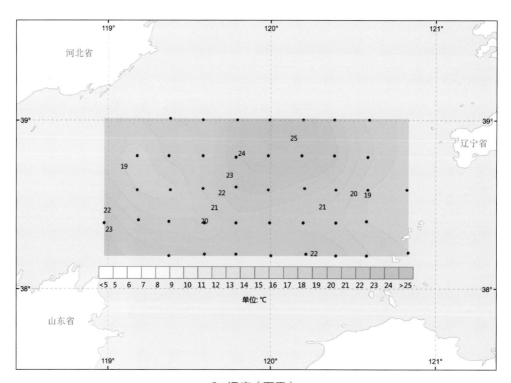

2- 温度（夏季）

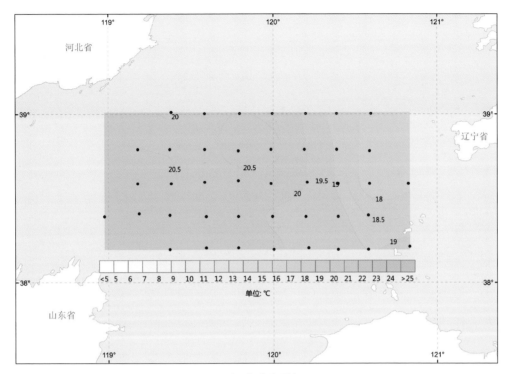

3- 温度（秋季）

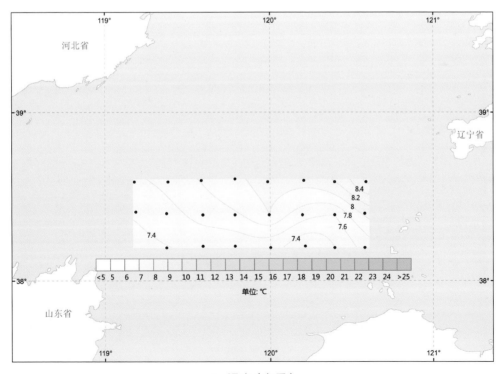

4- 温度（冬季）

3.1.2 盐度分布图
3.1.2.1 表层

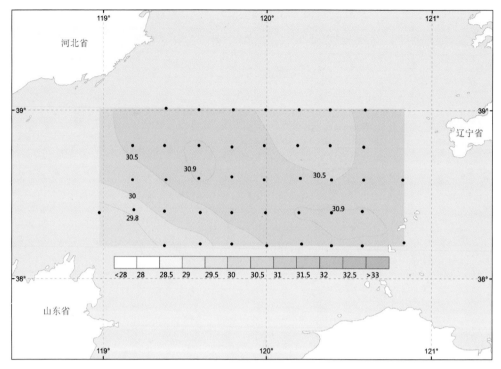

1- 盐度（春季）

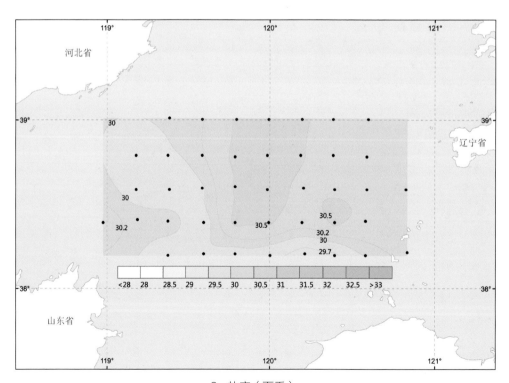

2- 盐度（夏季）

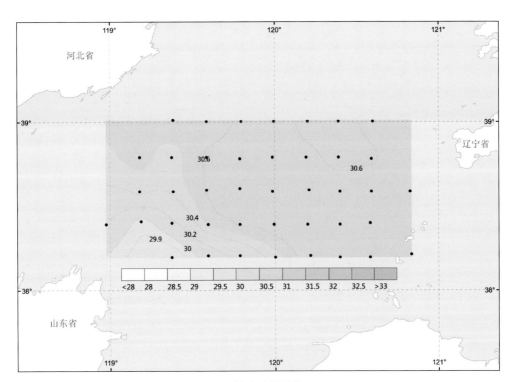

3- 盐度（秋季）

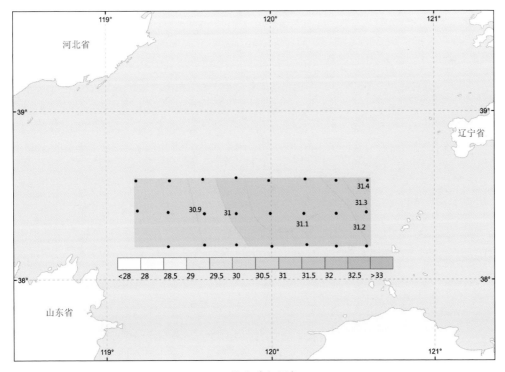

4- 盐度（冬季）

3.1.2.2　中层

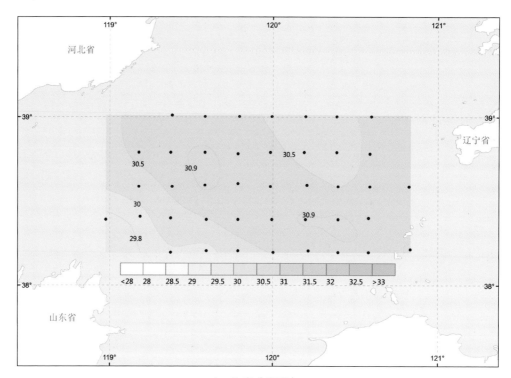

1- 盐度（春季）

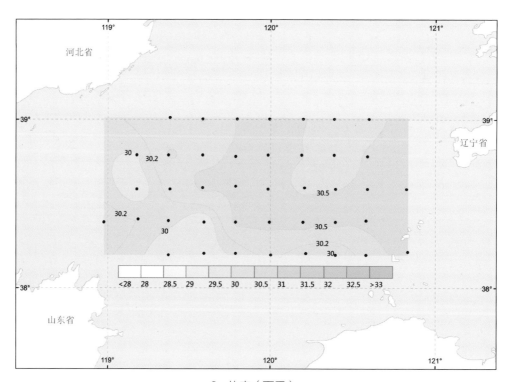

2- 盐度（夏季）

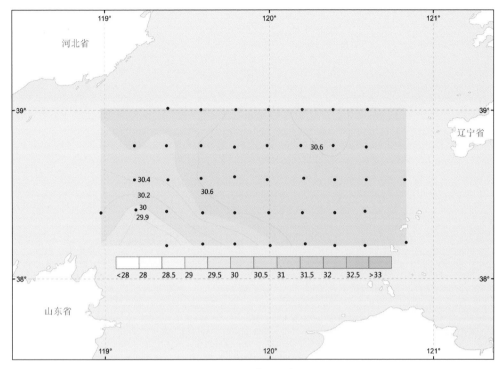

3- 盐度（秋季）

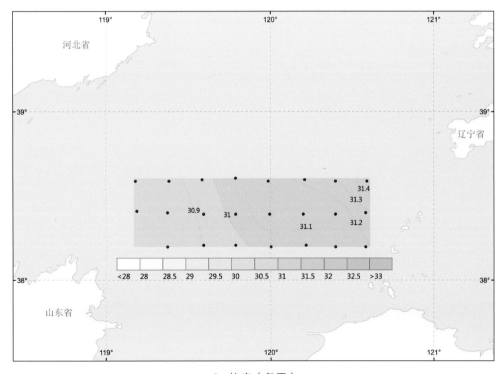

4- 盐度（冬季）

3.1.2.3　底层

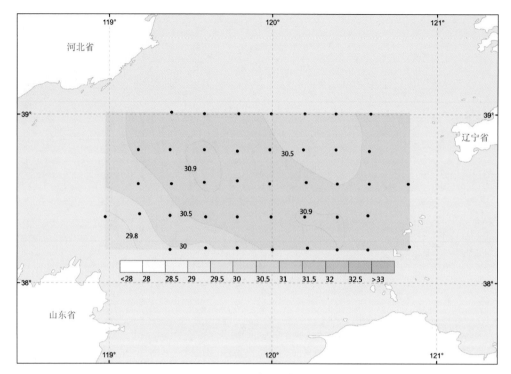

1- 盐度（春季）

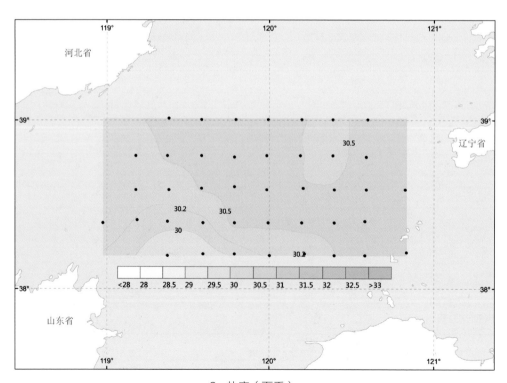

2- 盐度（夏季）

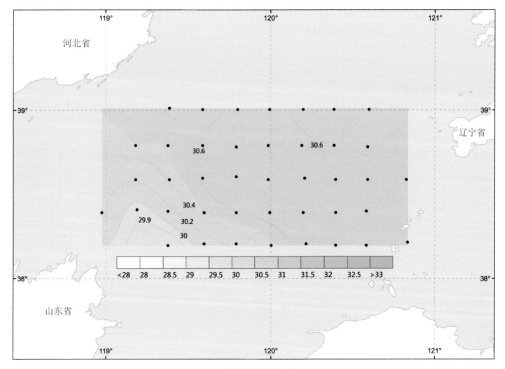

3- 盐度（秋季）

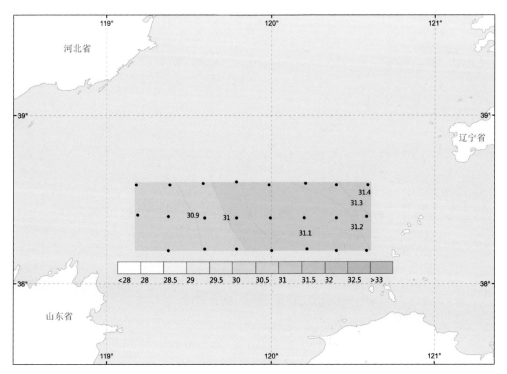

4- 盐度（冬季）

3.1.3 pH 分布图

3.1.3.1 表层

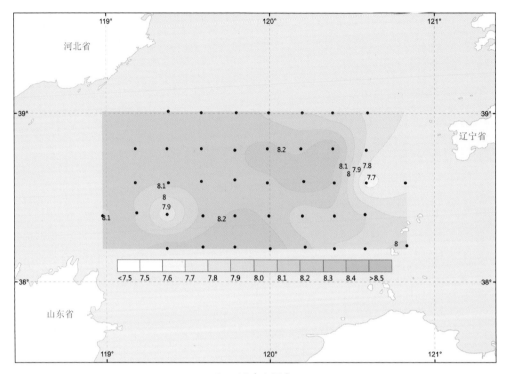

1- pH（春季）

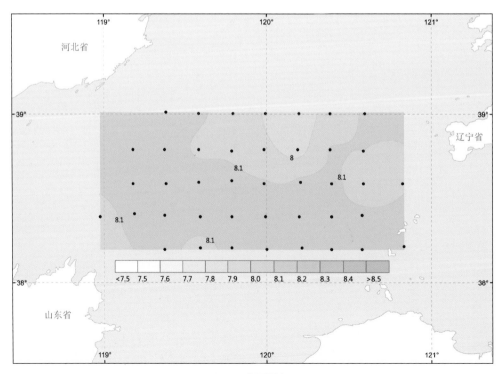

2-pH（夏季）

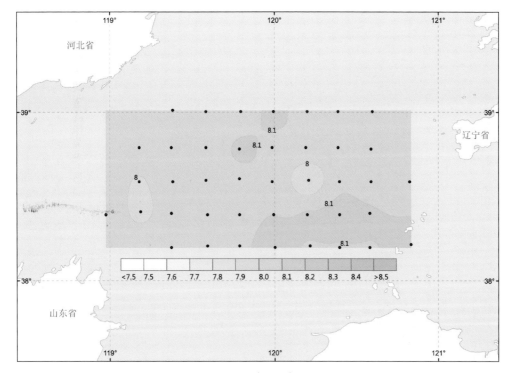

3-pH（秋季）

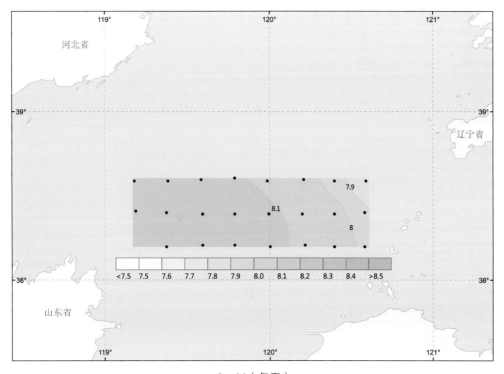

4-pH（冬季）

3.1.3.2 中层

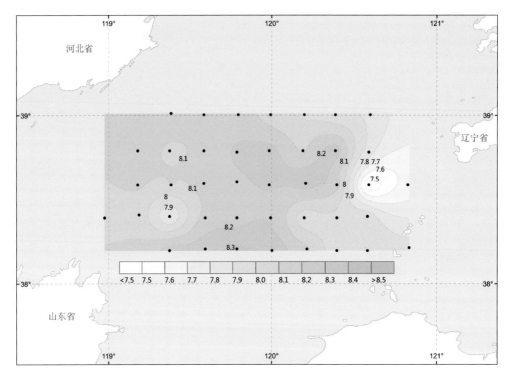

1- pH（春季）

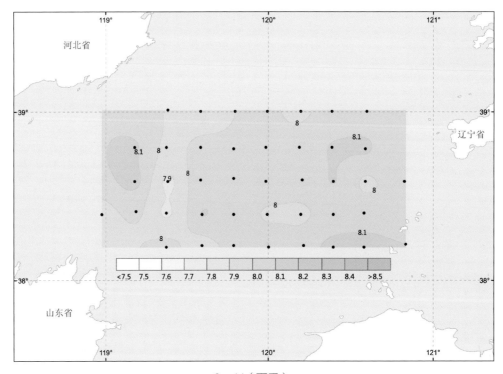

2-pH（夏季）

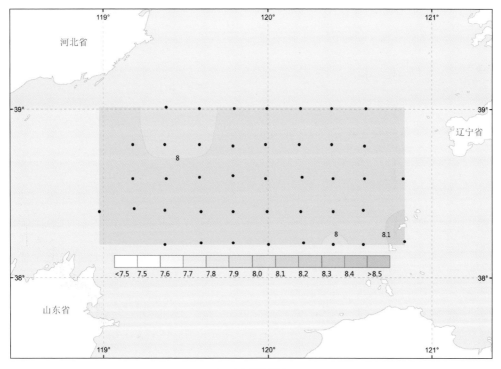

3-pH（秋季）

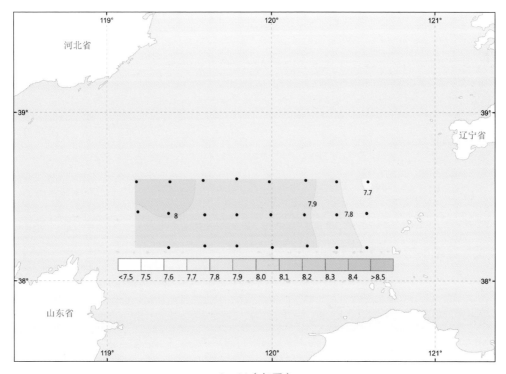

4-pH（冬季）

3.1.3.3　底层

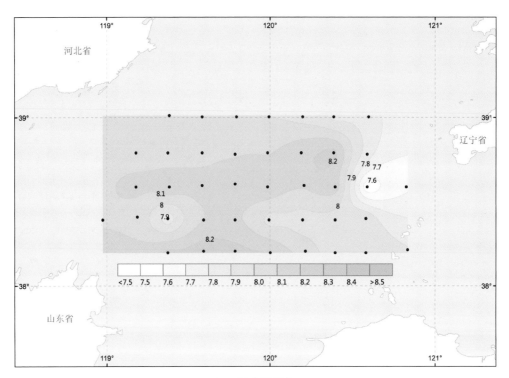

1- pH（春季）

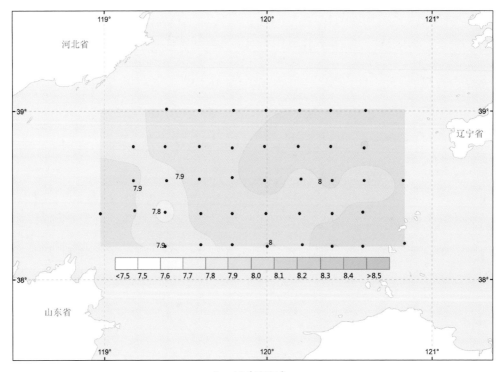

2-pH（夏季）

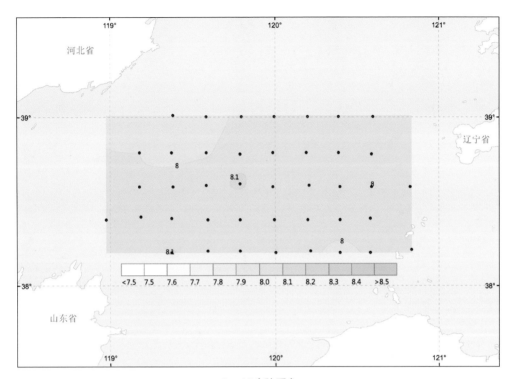

3-pH（秋季）

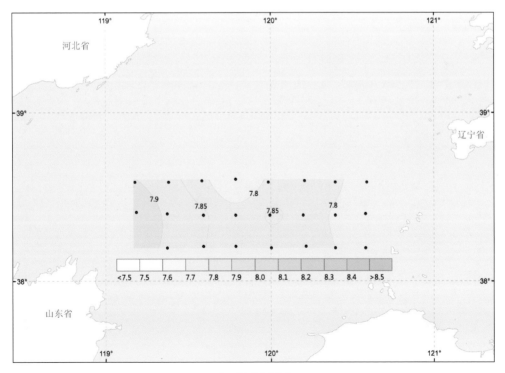

4-pH（冬季）

3.1.4 溶解氧分布图
3.1.4.1 表层

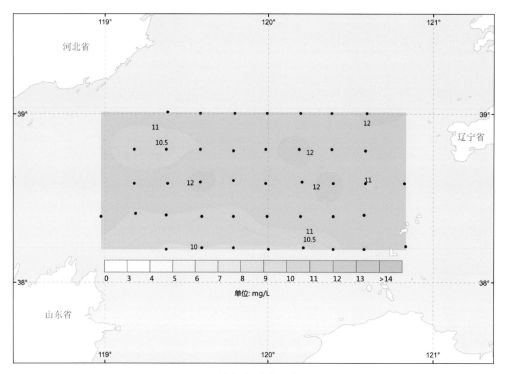

1- 溶解氧（春季）

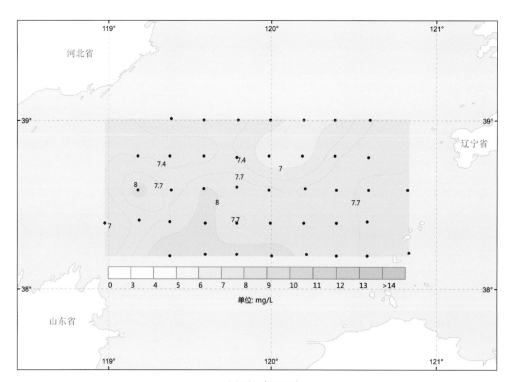

2- 溶解氧（夏季）

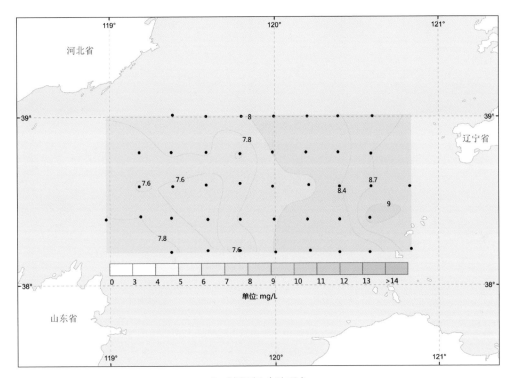

3- 溶解氧（秋季）

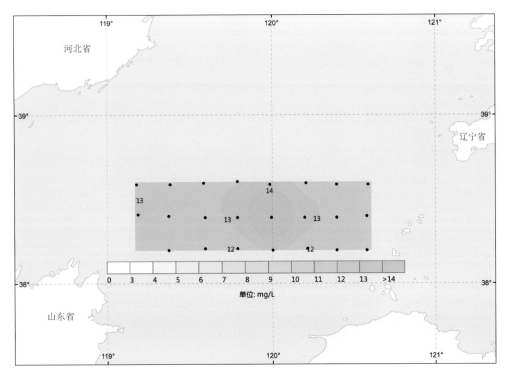

4- 溶解氧（冬季）

3.1.4.2 中层

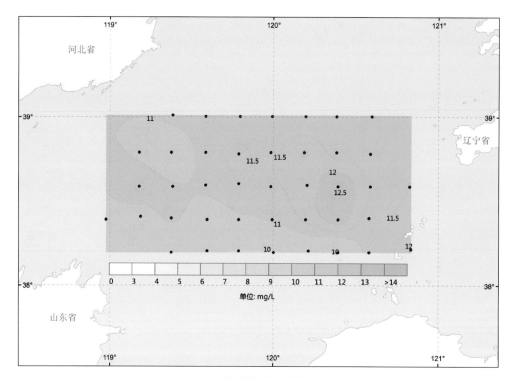

1- 溶解氧（春季）

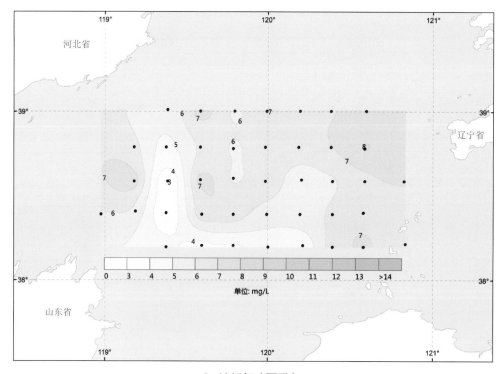

2- 溶解氧（夏季）

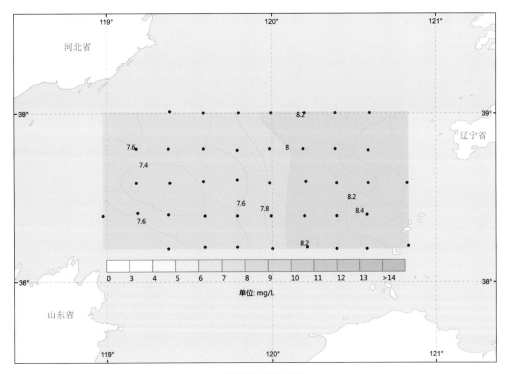

3- 溶解氧（秋季）

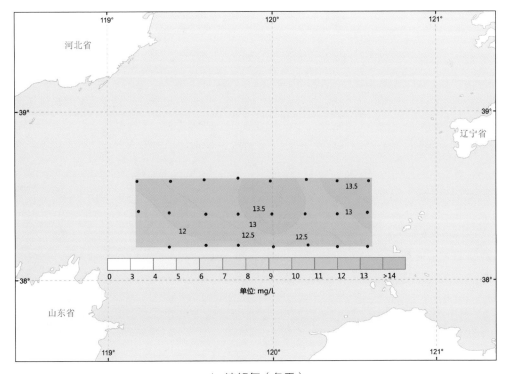

4- 溶解氧（冬季）

3.1.4.3　底层

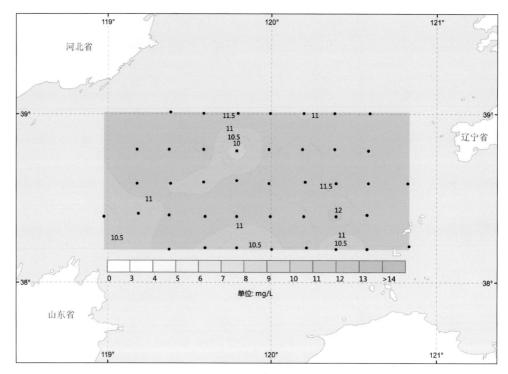

1- 溶解氧（春季）

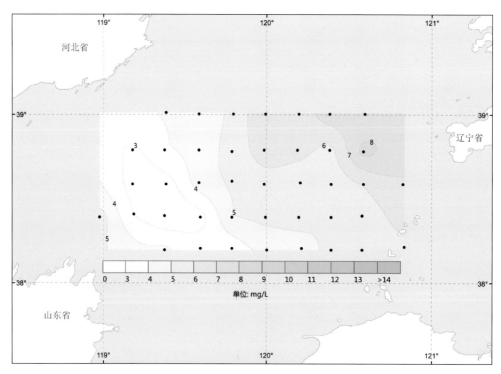

2- 溶解氧（夏季）

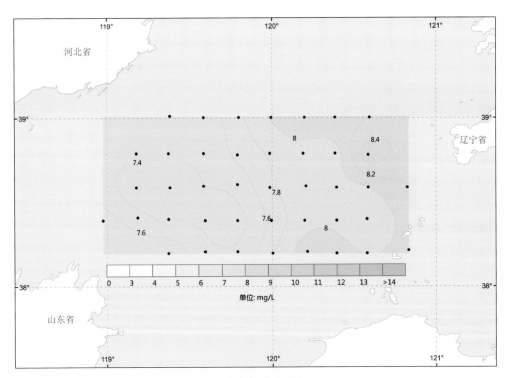

3- 溶解氧（秋季）

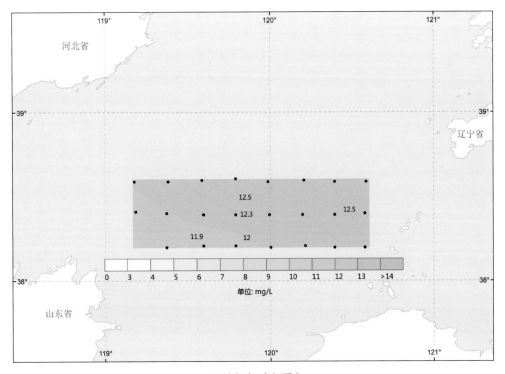

4- 溶解氧（冬季）

3.1.5 化学需氧量（COD）分布图

3.1.5.1 表层

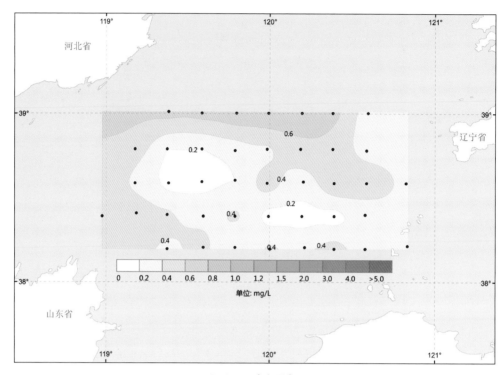

1-COD（春季）

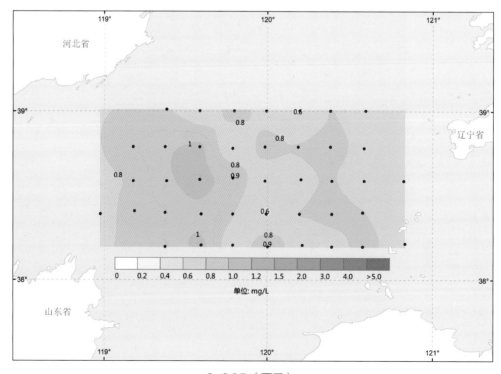

2-COD（夏季）

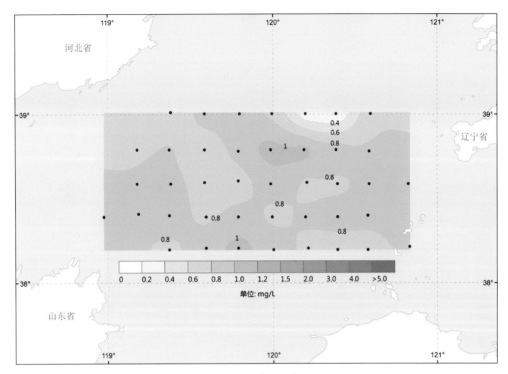

3-COD（秋季）

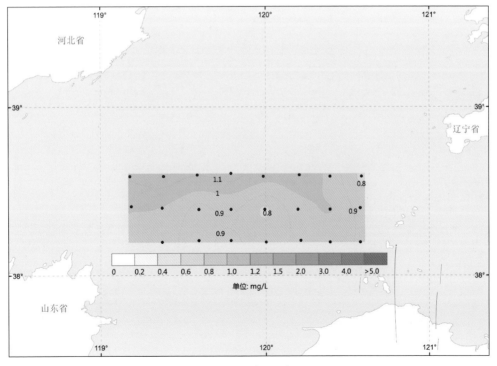

4-COD（冬季）

3.1.5.2　中层

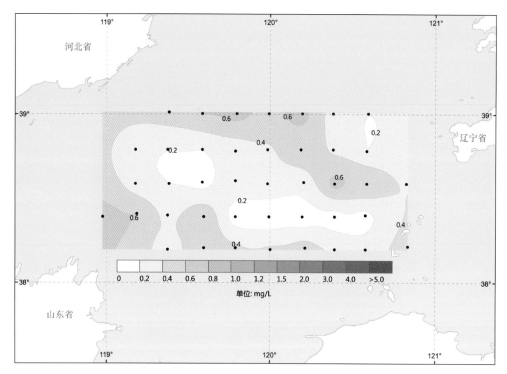

1-COD（春季）

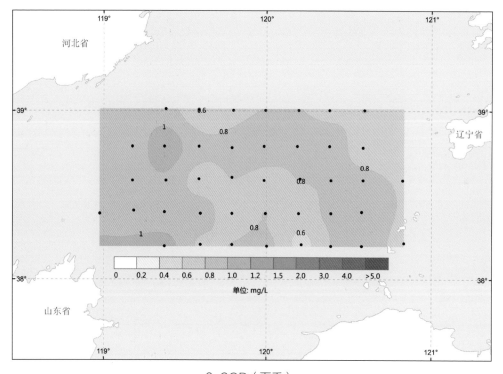

2-COD（夏季）

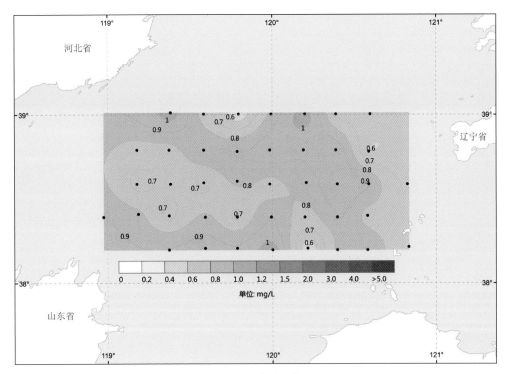

3-COD（秋季）

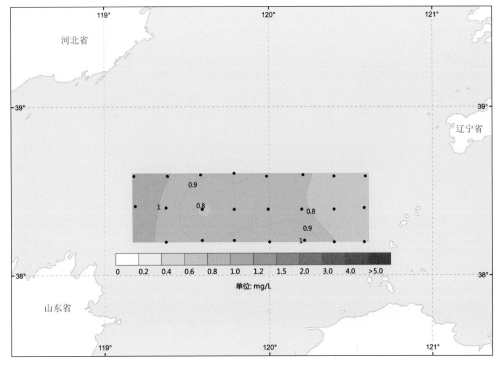

4-COD（冬季）

3.1.5.3 底层

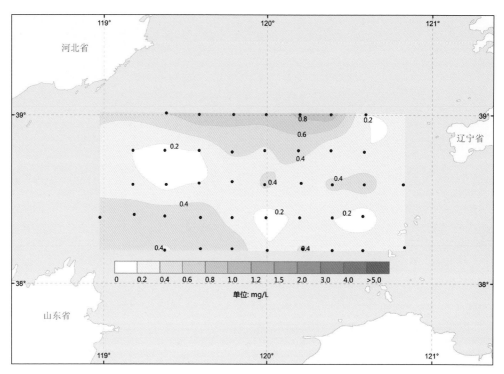

1-COD（春季）

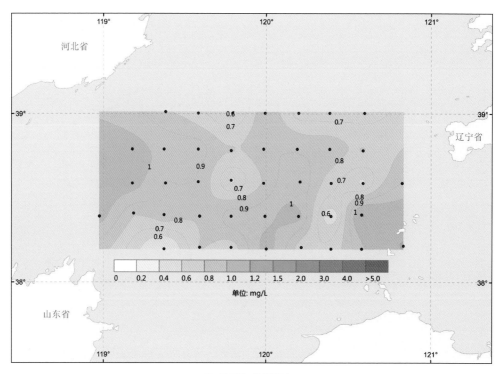

2-COD（夏季）

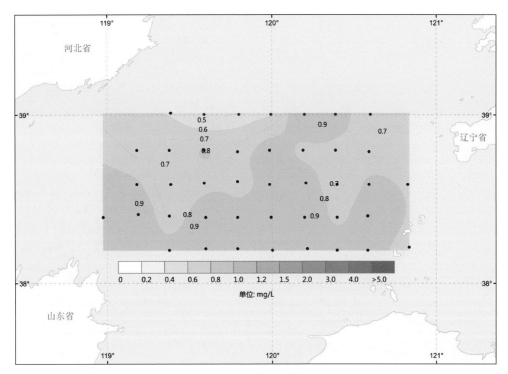

3-COD（秋季）

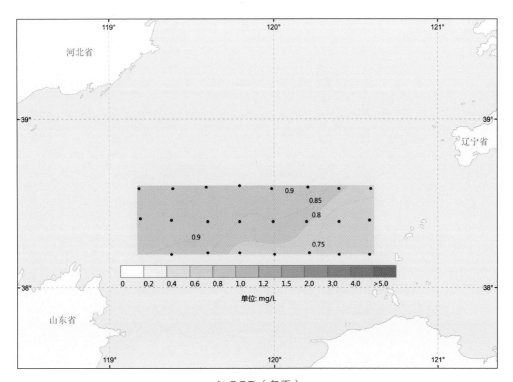

4-COD（冬季）

3.1.6 氨氮分布图

3.1.6.1 表层

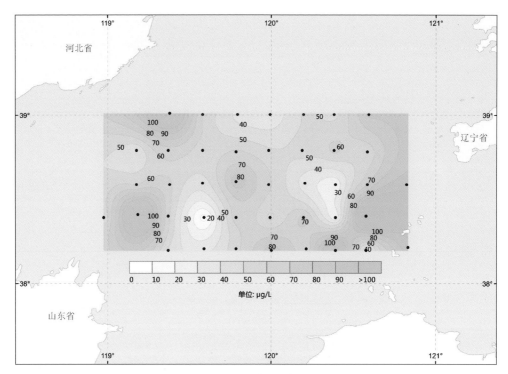

1- 氨氮（春季）

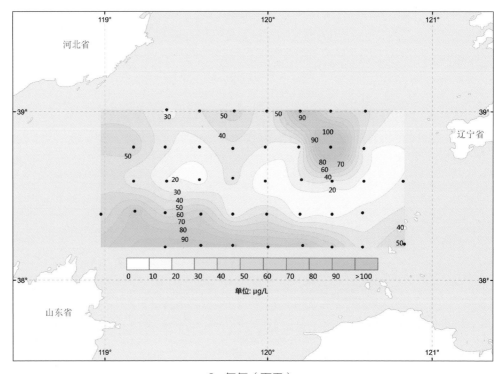

2- 氨氮（夏季）

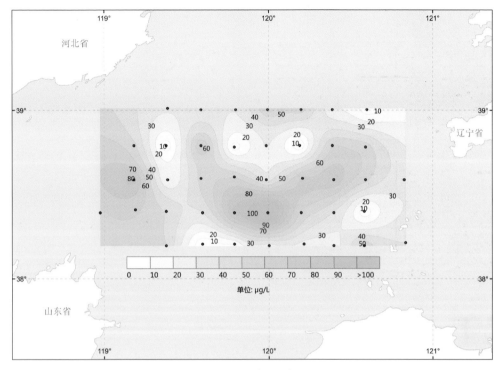

3- 氨氮（秋季）

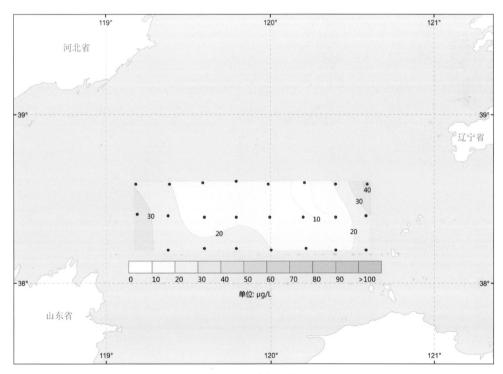

4- 氨氮（冬季）

3.1.6.2　中层

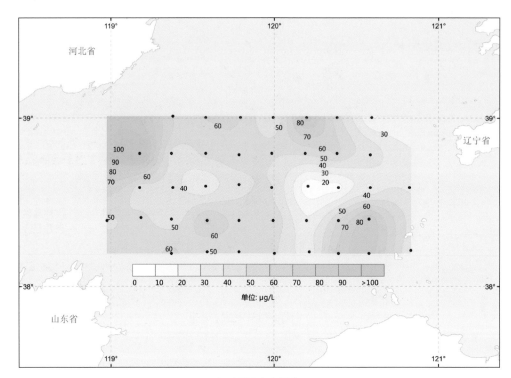

1- 氨氮（春季）

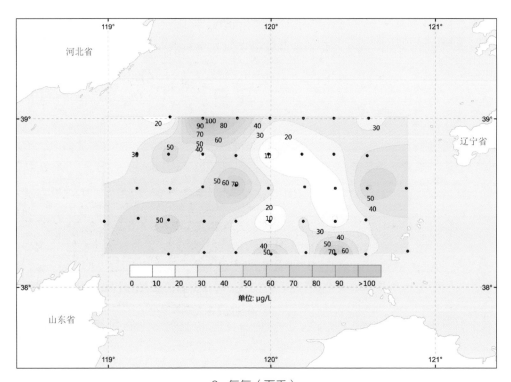

2- 氨氮（夏季）

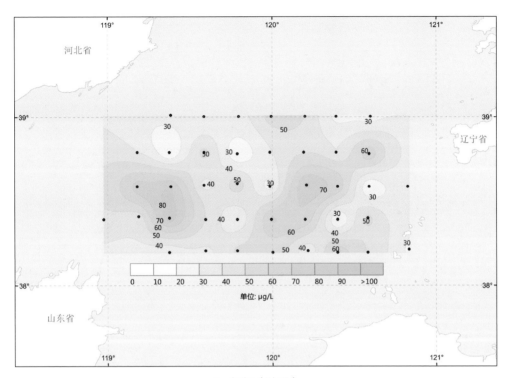

3- 氨氮（秋季）

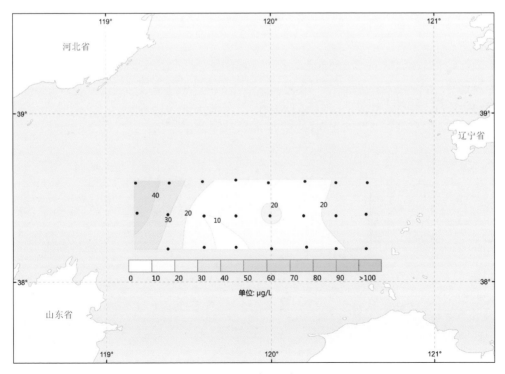

4- 氨氮（冬季）

3.1.6.3 底层

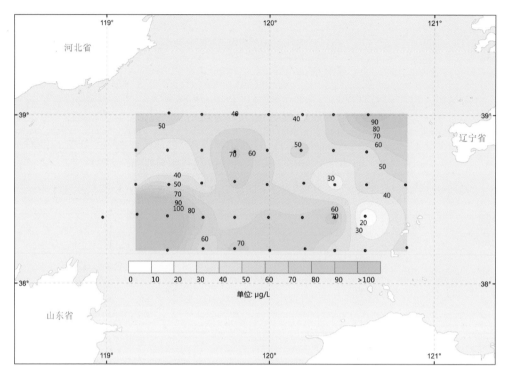

1- 氨氮（春季）

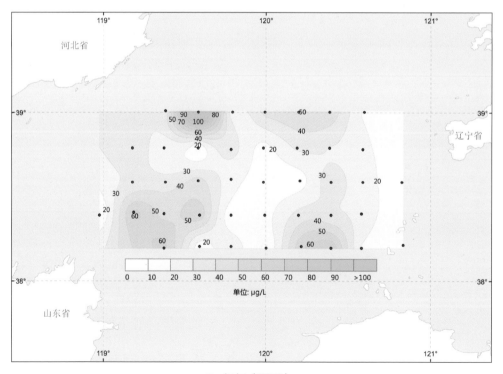

2- 氨氮（夏季）

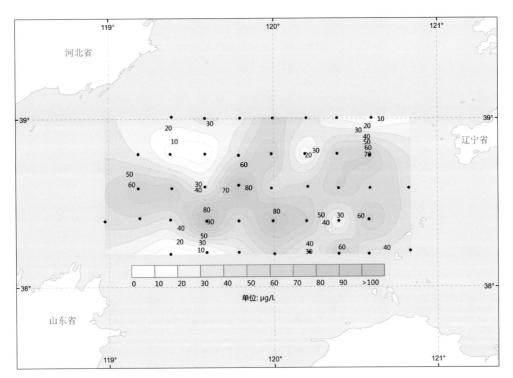

3- 氨氮（秋季）

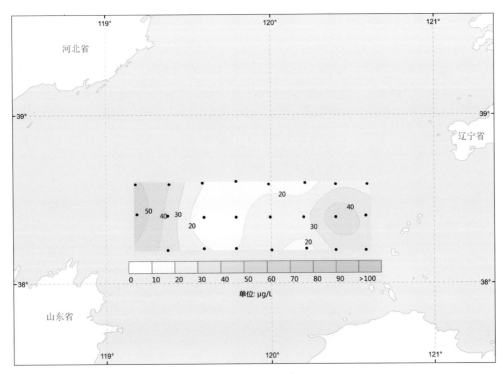

4- 氨氮（冬季）

3.1.7 亚硝氮分布图

3.1.7.1 表层

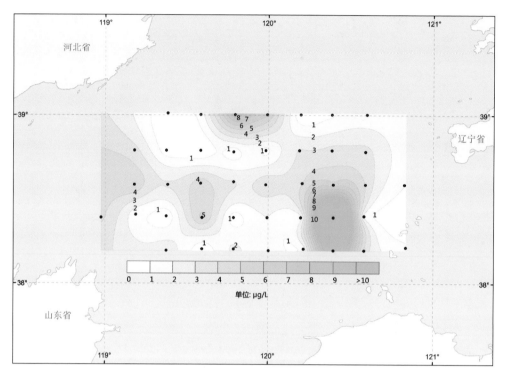

1- 亚硝氮（春季）

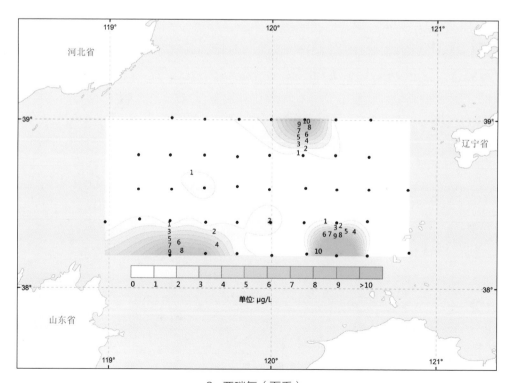

2- 亚硝氮（夏季）

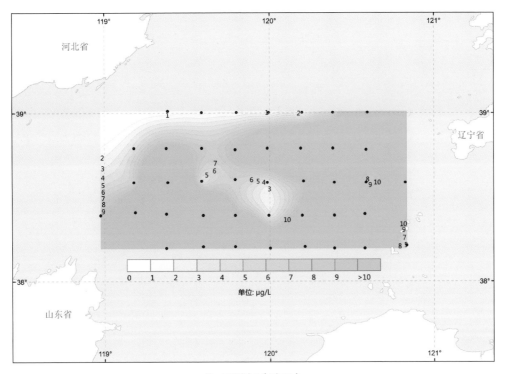

3- 亚硝氮（秋季）

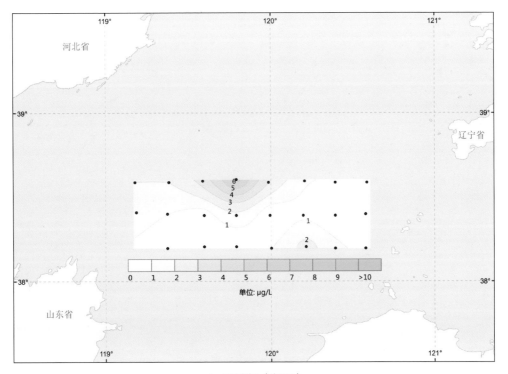

4- 亚硝氮（冬季）

3.1.7.2　中层

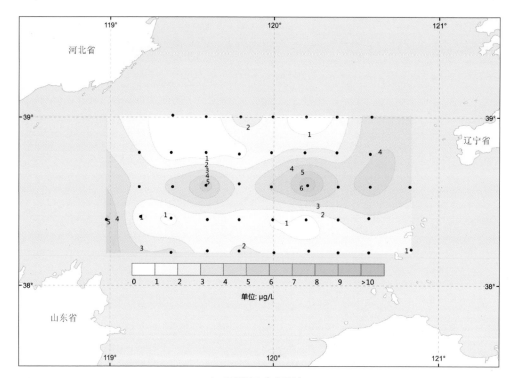

1- 亚硝氮（春季）

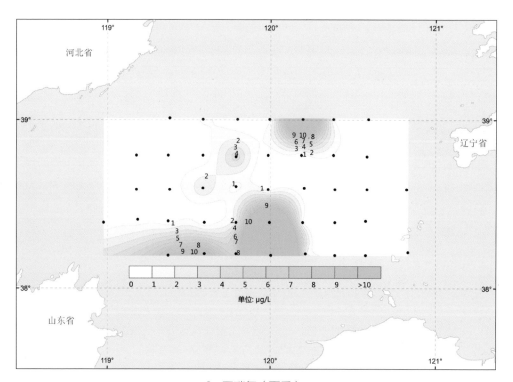

2- 亚硝氮（夏季）

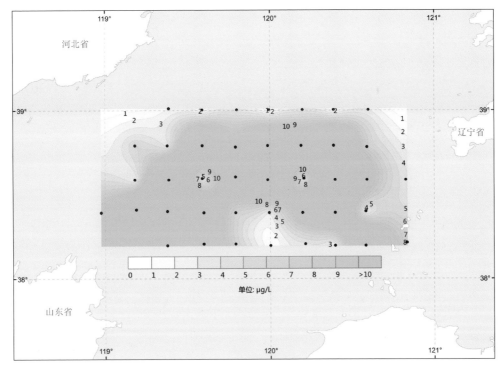

3- 亚硝氮（秋季）

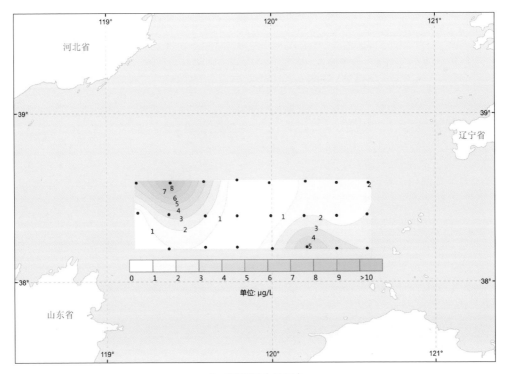

4- 亚硝氮（冬季）

3.1.7.3 底层

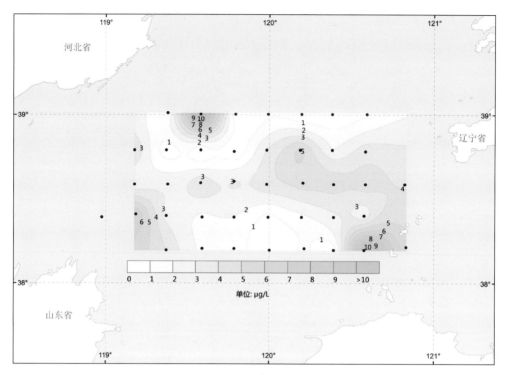

1- 亚硝氮（春季）

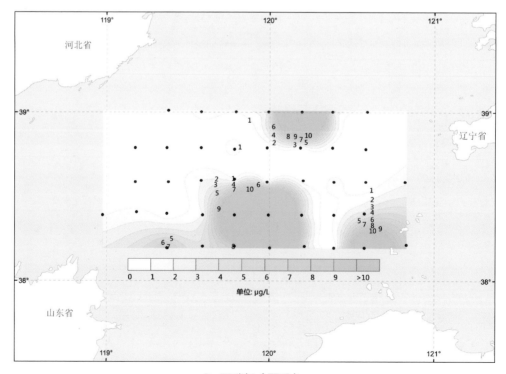

2- 亚硝氮（夏季）

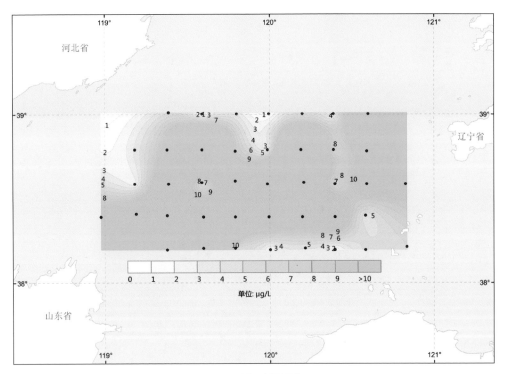

3- 亚硝氮（秋季）

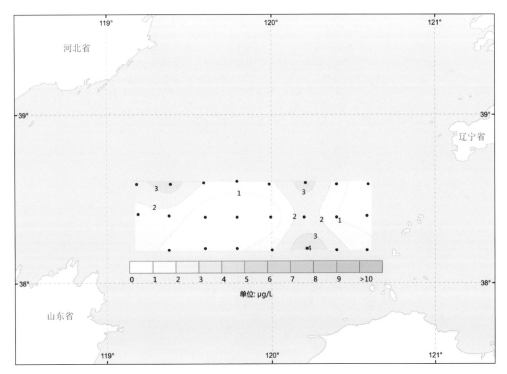

4- 亚硝氮（冬季）

3.1.8 硝氮分布图

3.1.8.1 表层

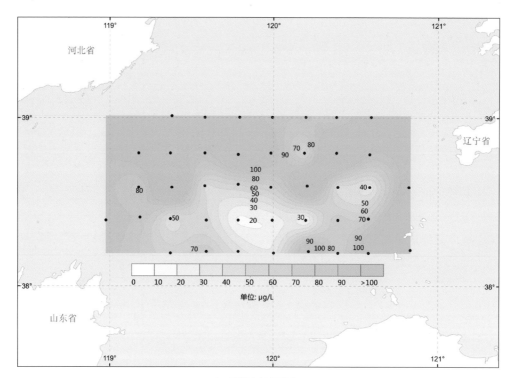

1- 硝氮（春季）

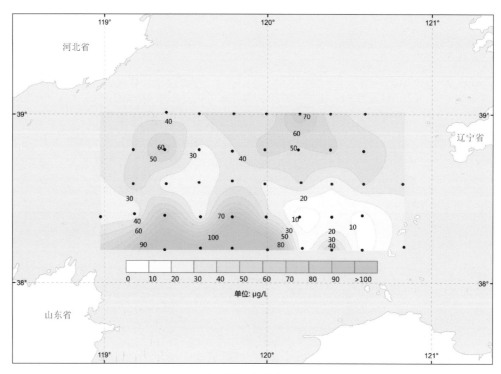

2- 硝氮（夏季）

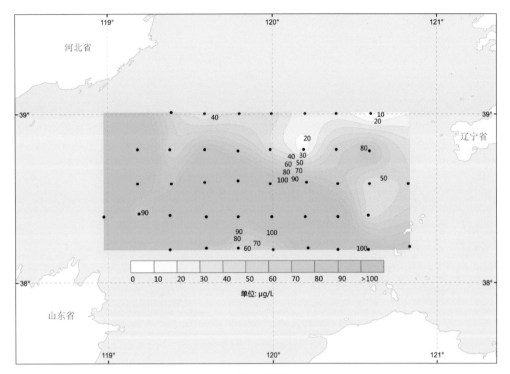

3- 硝氮（秋季）

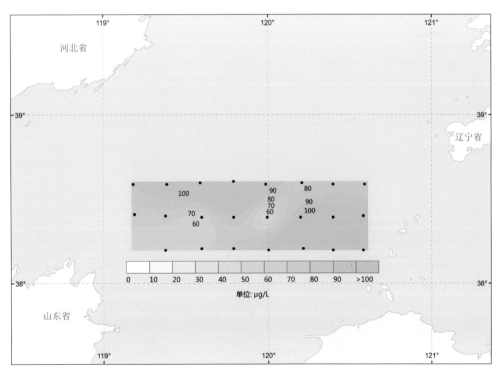

4- 硝氮（冬季）

3.1.8.2　中层

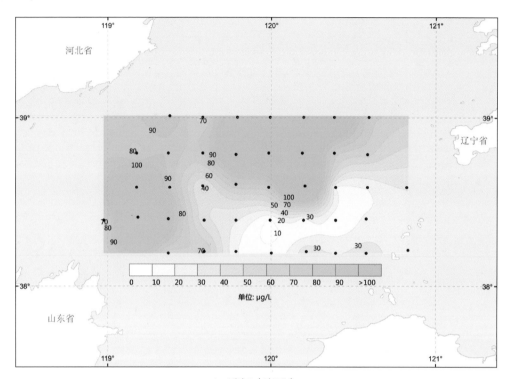

1- 硝氮（春季）

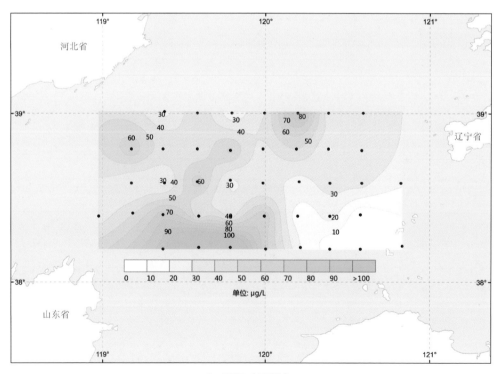

2- 硝氮（夏季）

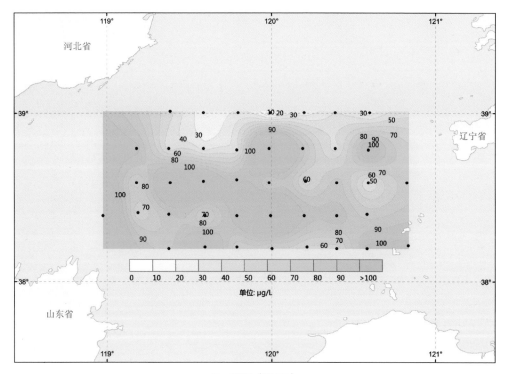

3- 硝氮（秋季）

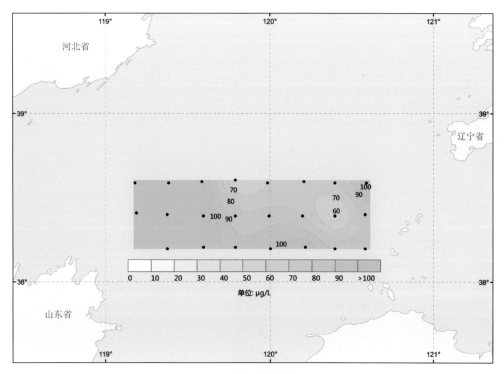

4- 硝氮（冬季）

3.1.8.3 底层

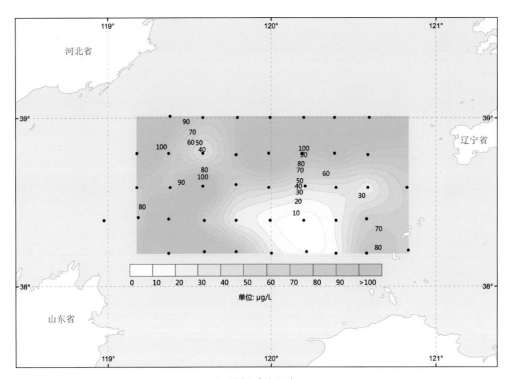

1- 硝氮（春季）

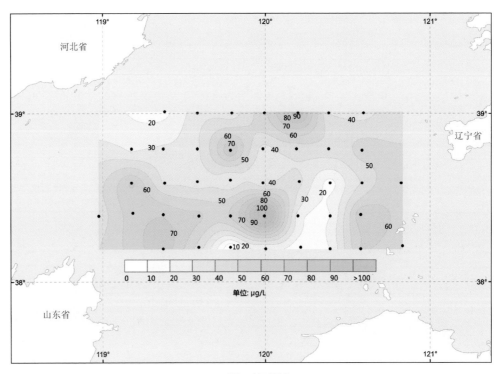

2- 硝氮（夏季）

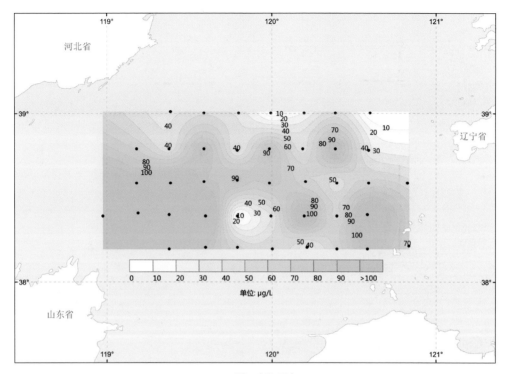

3- 硝氮（秋季）

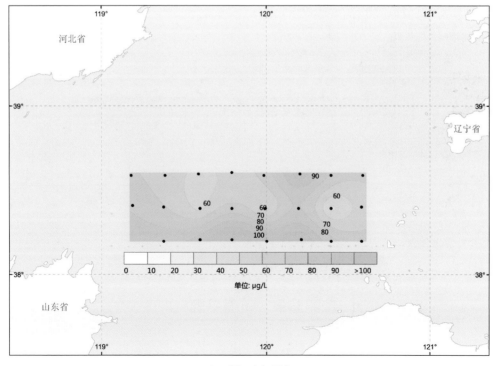

4- 硝氮（冬季）

3.1.9 无机氮分布图
3.1.9.1 表层

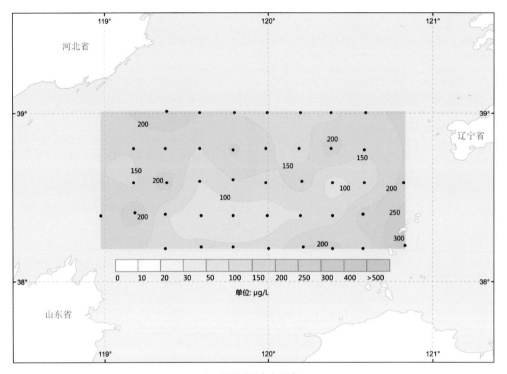

1- 无机氮（春季）

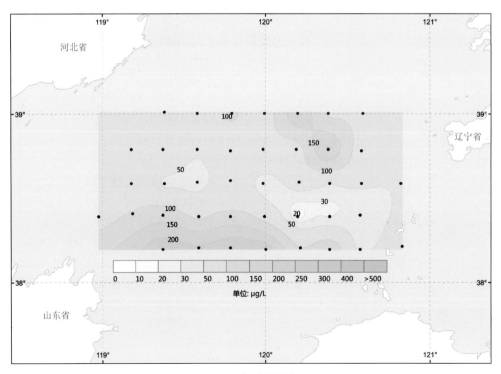

2- 无机氮（夏季）

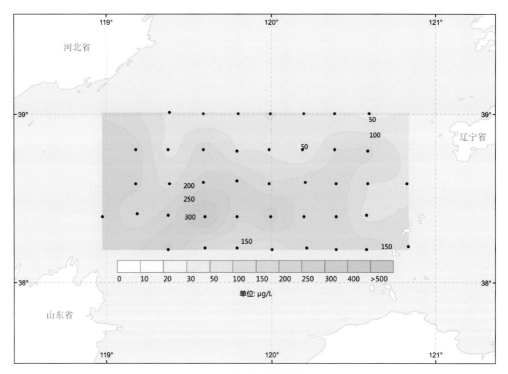

3- 无机氮（秋季）

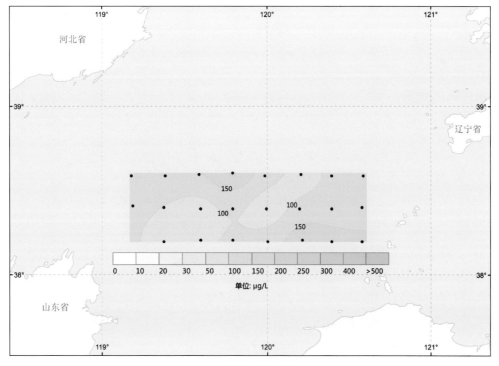

4- 无机氮（冬季）

3.1.9.2　中层

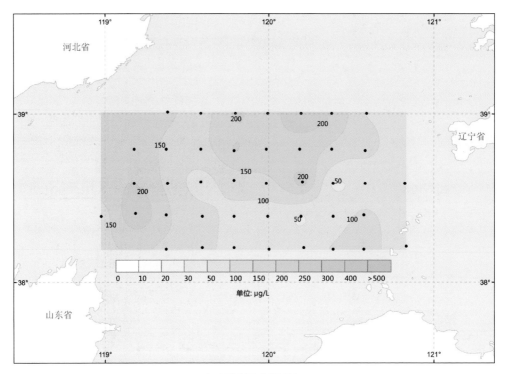

1- 无机氮（春季）

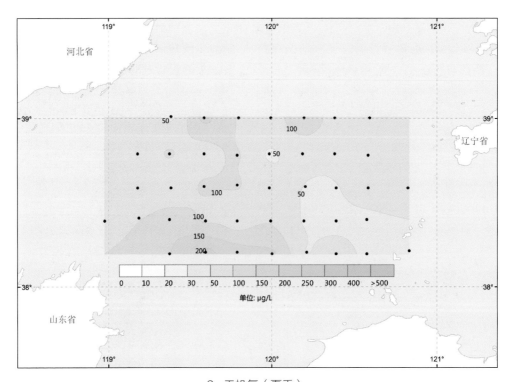

2- 无机氮（夏季）

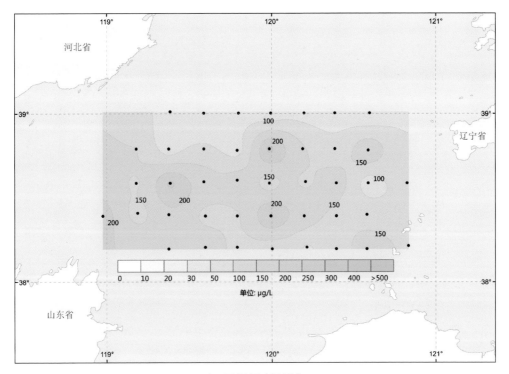

3- 无机氮（秋季）

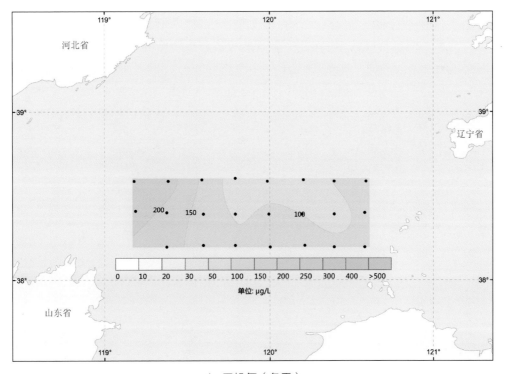

4- 无机氮（冬季）

3.1.9.3 底层

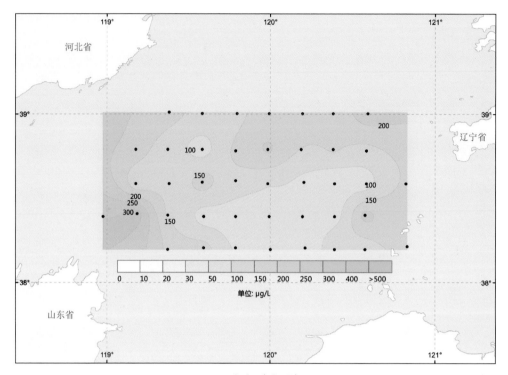

1- 无机氮（春季）

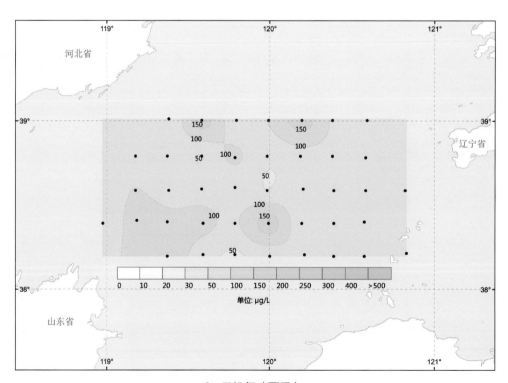

2- 无机氮（夏季）

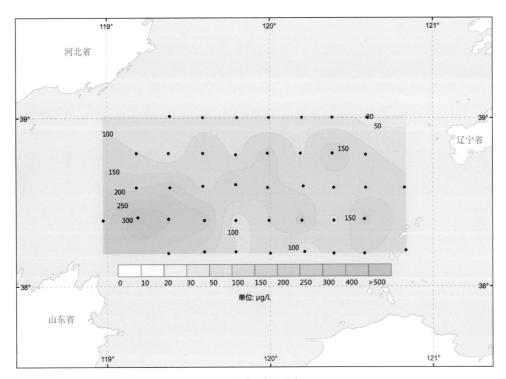

3- 无机氮（秋季）

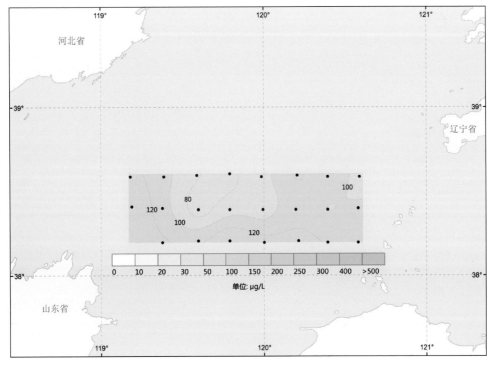

4- 无机氮（冬季）

3.1.10 活性磷酸盐分布图

3.1.10.1 表层

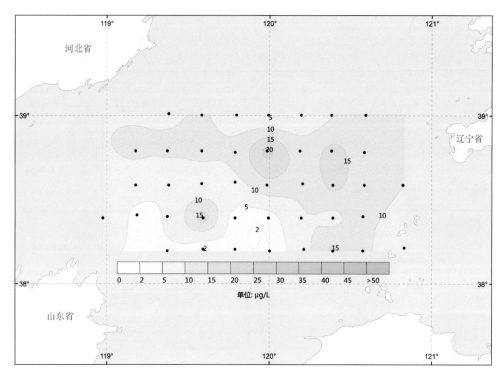

1- 活性磷酸盐（春季）

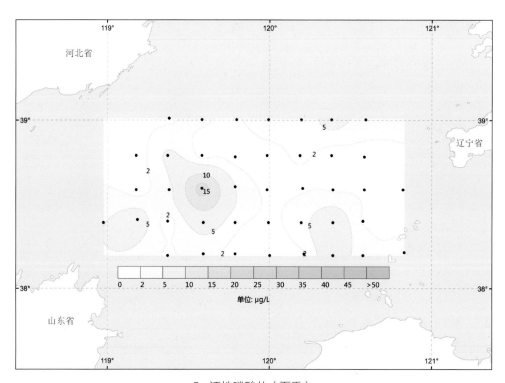

2- 活性磷酸盐（夏季）

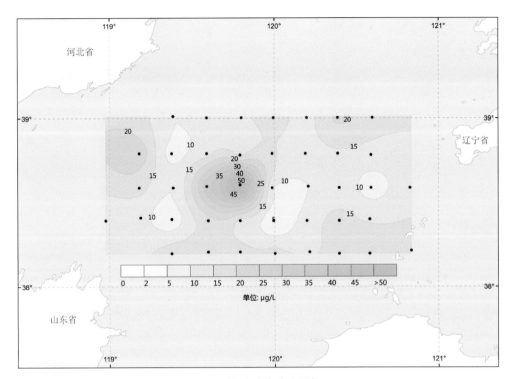

3- 活性磷酸盐（秋季）

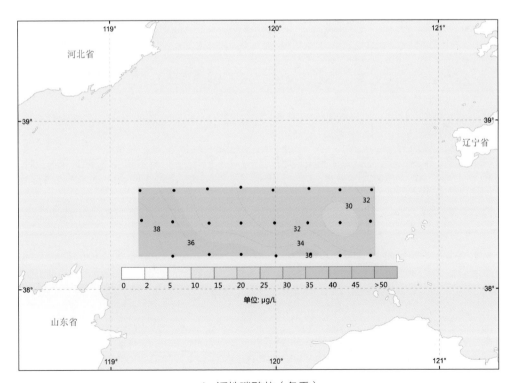

4- 活性磷酸盐（冬季）

3.1.10.2　中层

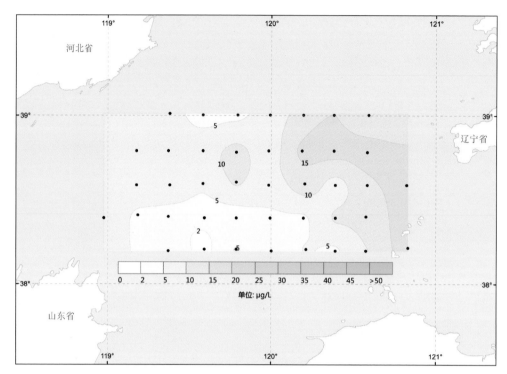

1- 活性磷酸盐（春季）

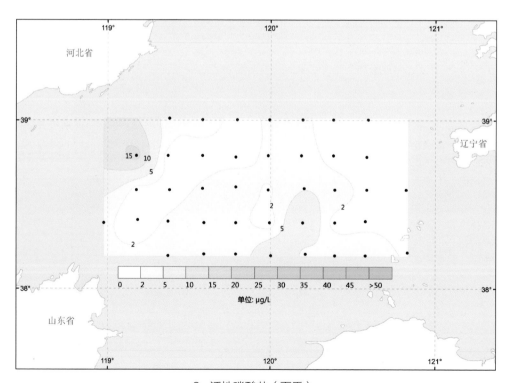

2- 活性磷酸盐（夏季）

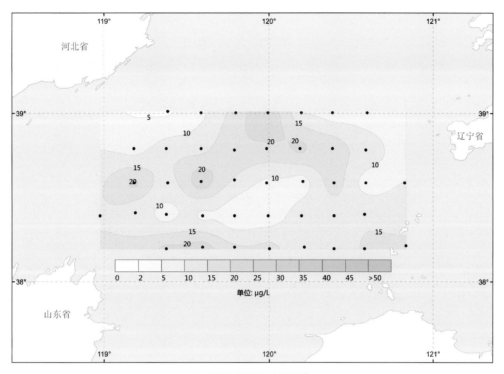

3- 活性磷酸盐（秋季）

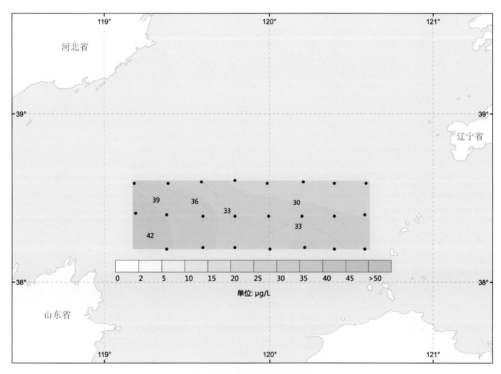

4- 活性磷酸盐（冬季）

3.1.10.3 底层

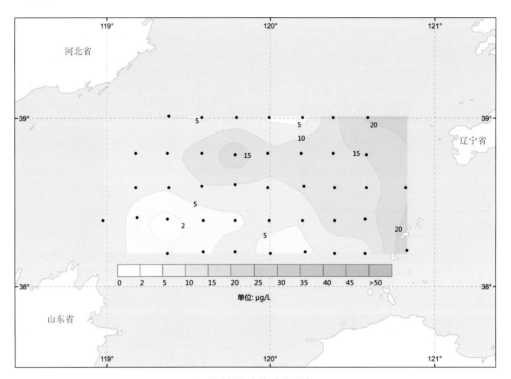

1- 活性磷酸盐（春季）

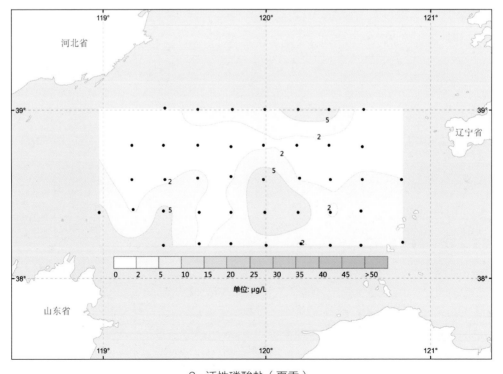

2- 活性磷酸盐（夏季）

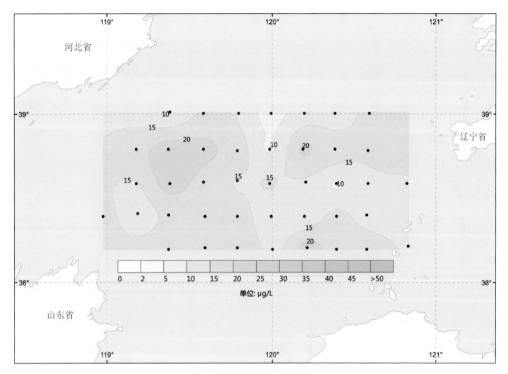

3- 活性磷酸盐（秋季）

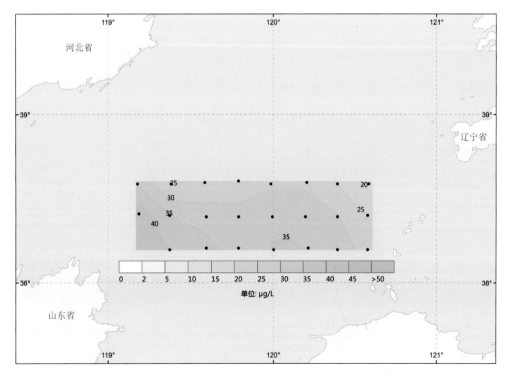

4- 活性磷酸盐（冬季）

3.1.11 石油类分布图

3.1.11.1 表层

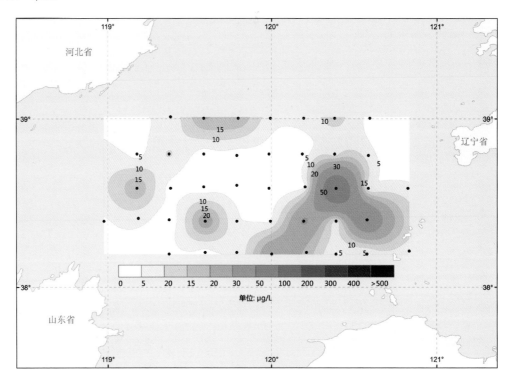

1- 石油类（春季）

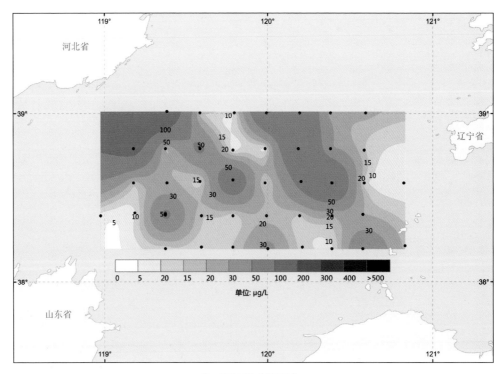

2- 石油类（夏季）

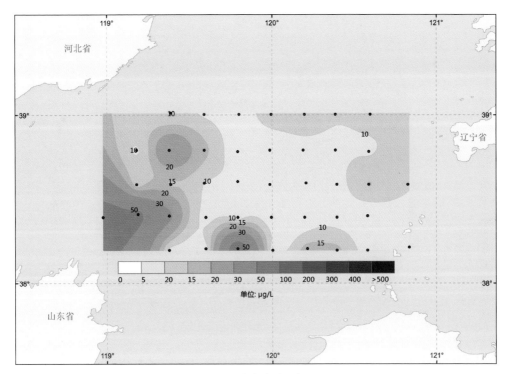

3- 石油类（秋季）

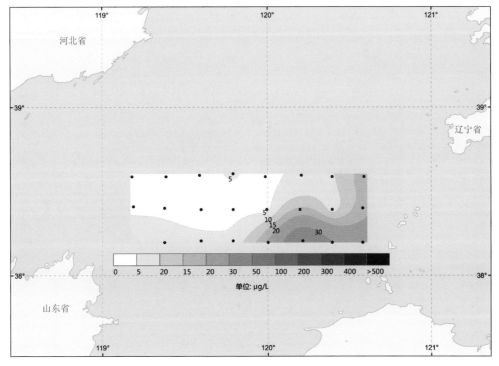

4- 石油类（冬季）

3.1.11.2　中层

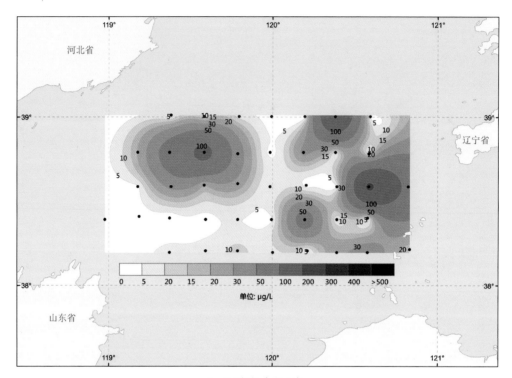

1- 石油类（春季）

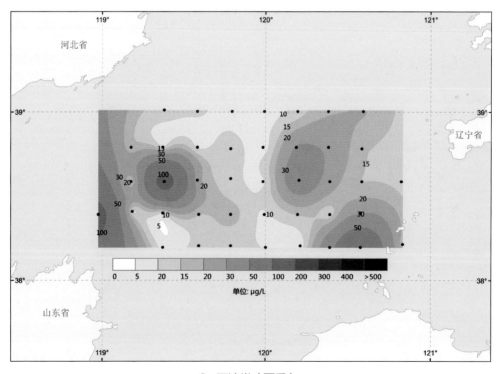

2- 石油类（夏季）

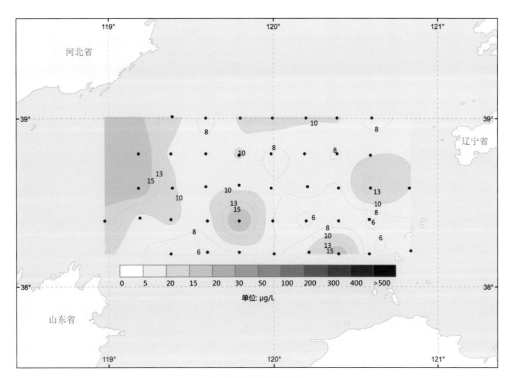

3- 石油类（秋季）

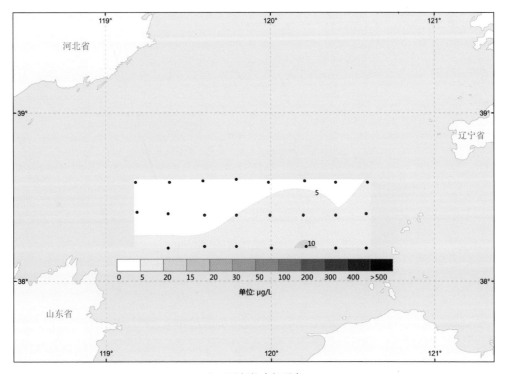

4- 石油类（冬季）

3.1.11.3 底层

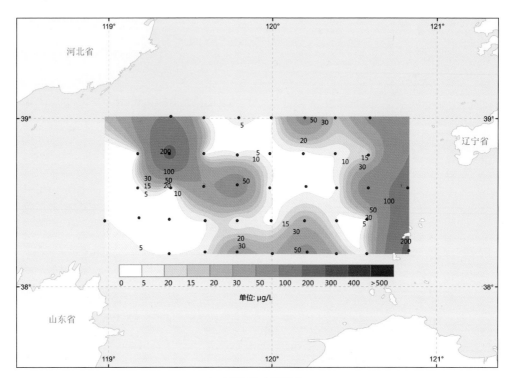

1- 石油类（春季）

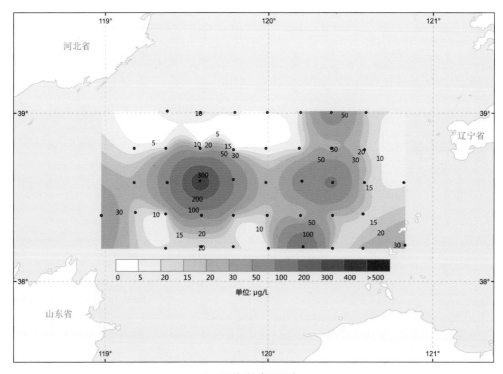

2- 石油类（夏季）

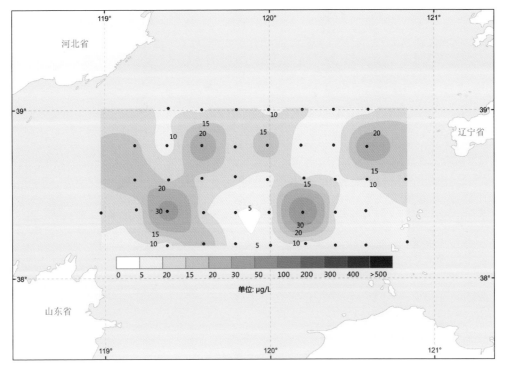

3- 石油类（秋季）

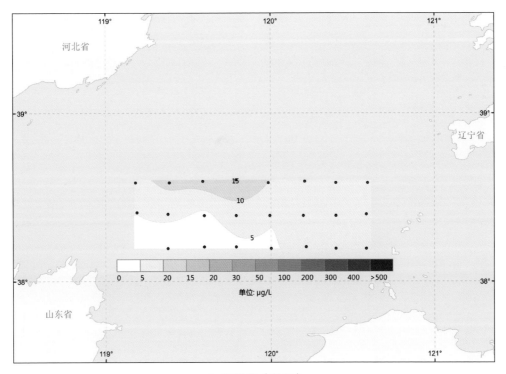

4- 石油类（冬季）

3.1.12 Cu 分布图

3.1.12.1 表层

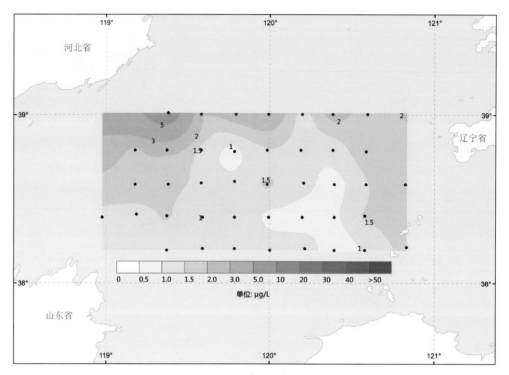

1-Cu（春季）

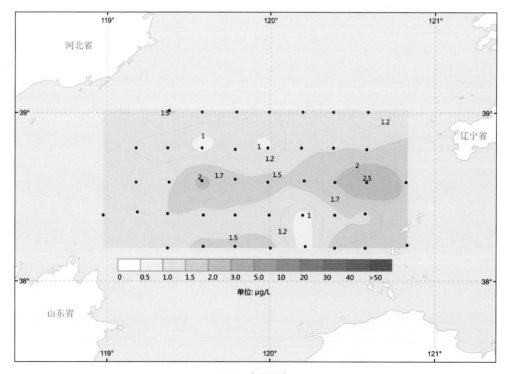

2-Cu（夏季）

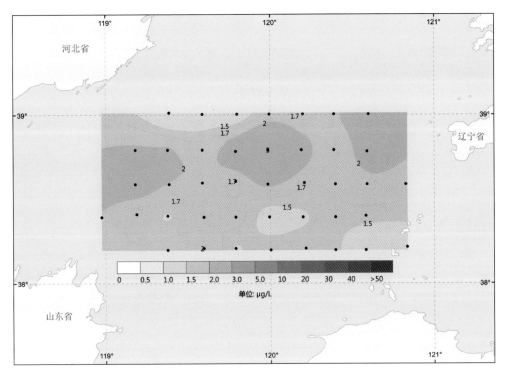

3-Cu（秋季）

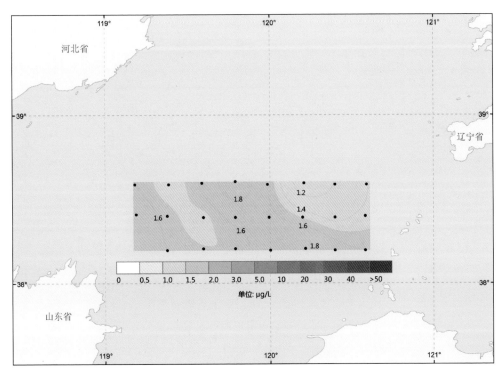

4-Cu（冬季）

3.1.12.2 中层

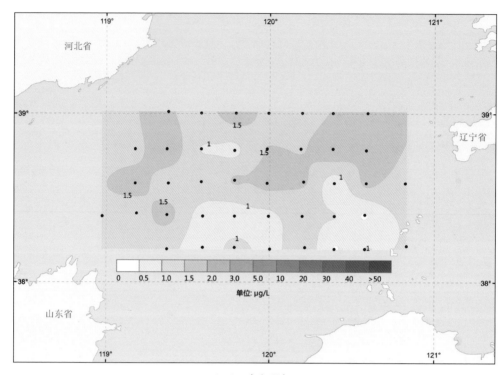

1-Cu（春季）

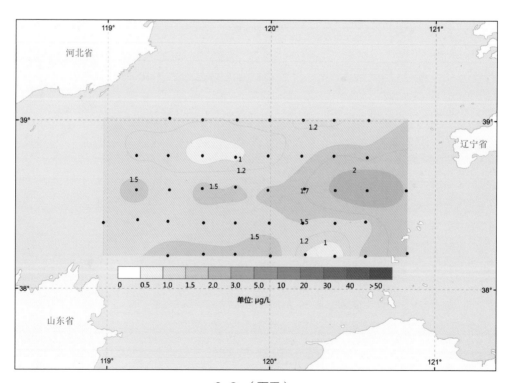

2-Cu（夏季）

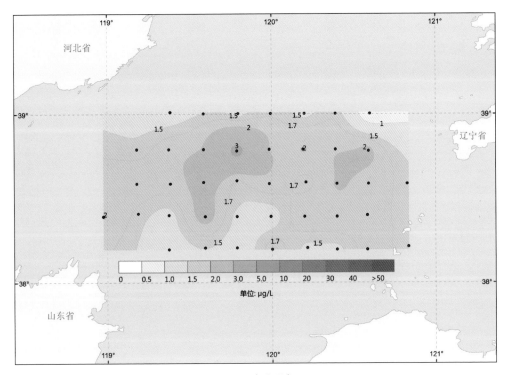

3-Cu（秋季）

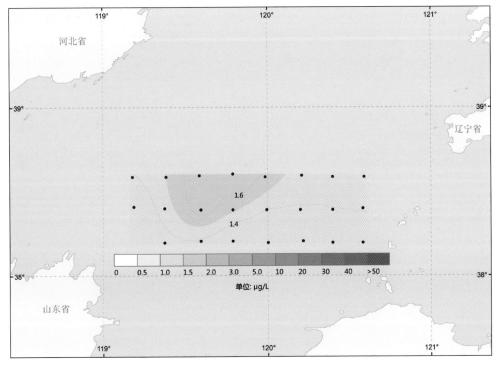

4-Cu（冬季）

3.1.12.3　底层

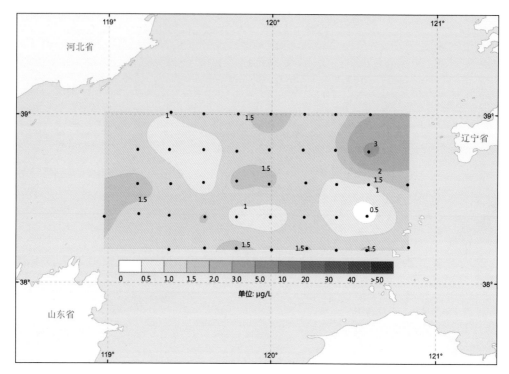

1-Cu（春季）

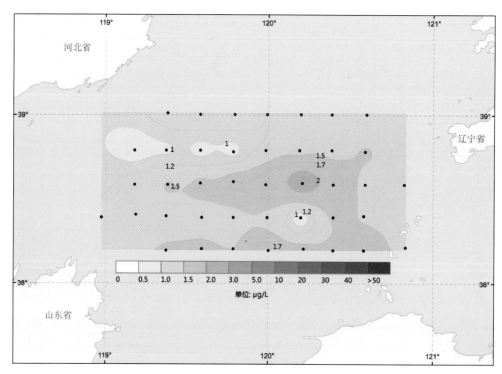

2-Cu（夏季）

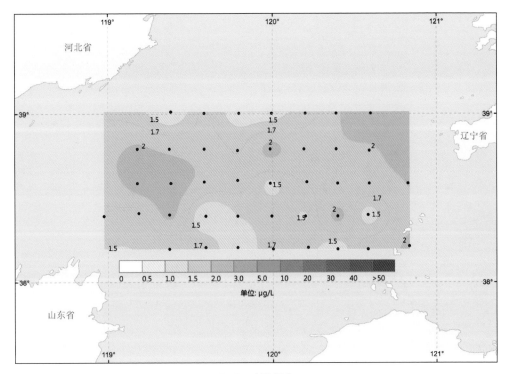

3-Cu（秋季）

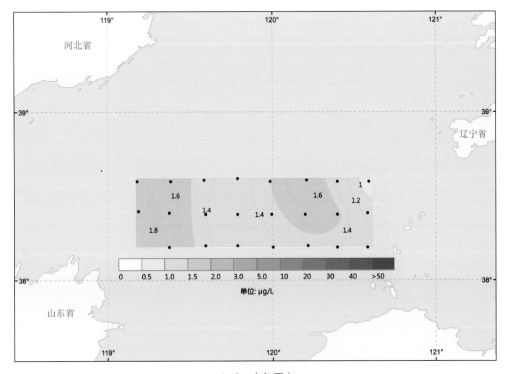

4-Cu（冬季）

3.1.13 Pb 分布图

3.1.13.1 表层

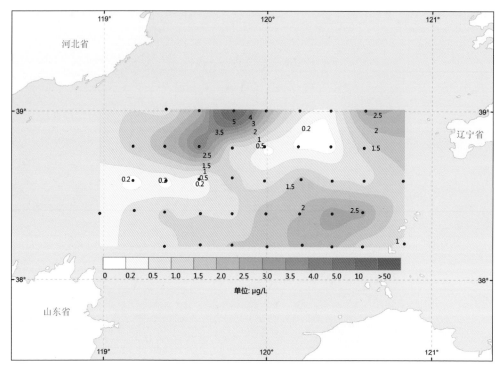

1-Pb(春季)

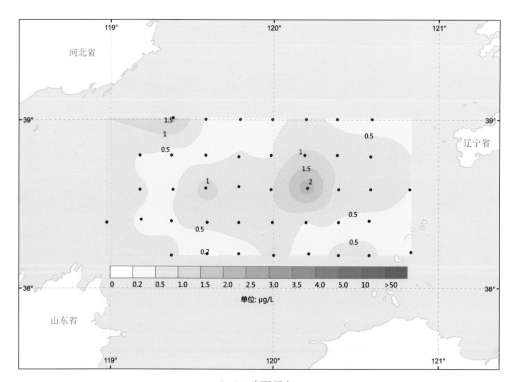

2-Pb(夏季)

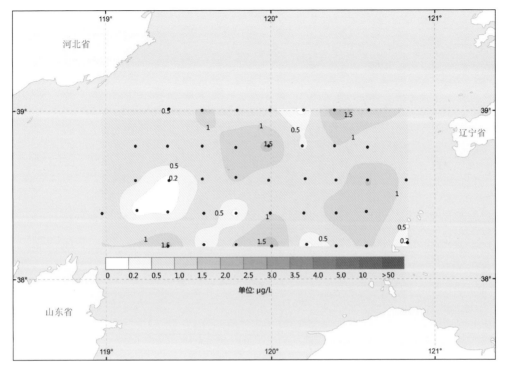

3-Pb（秋季）

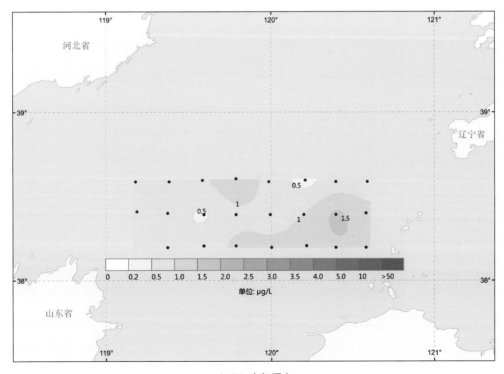

4-Pb（冬季）

3.1.13.2　中层

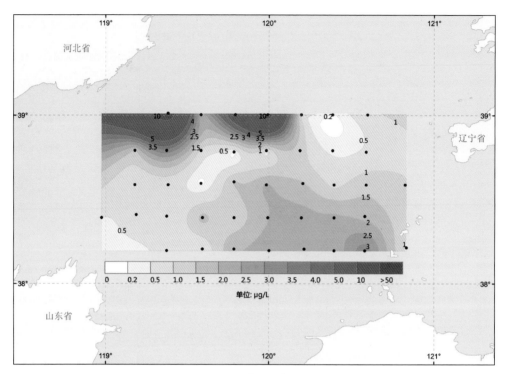

1-Pb（春季）

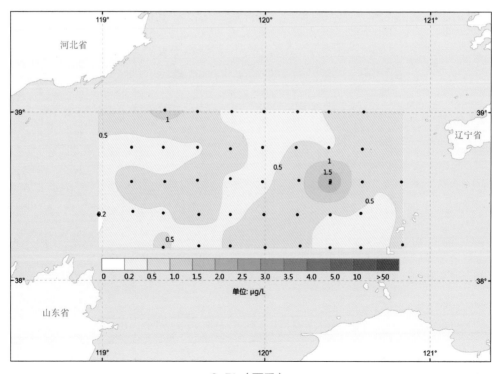

2-Pb（夏季）

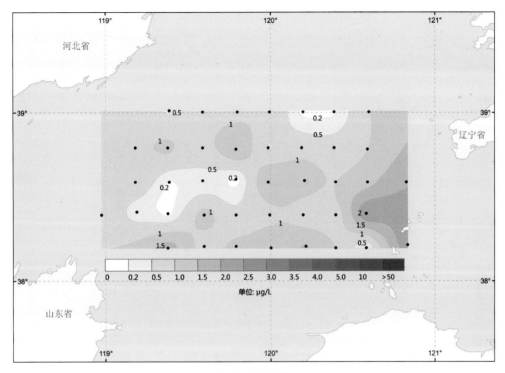

3-Pb（秋季）

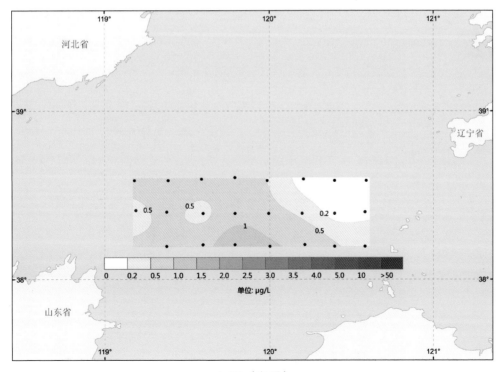

4-Pb（冬季）

3.1.13.3 底层

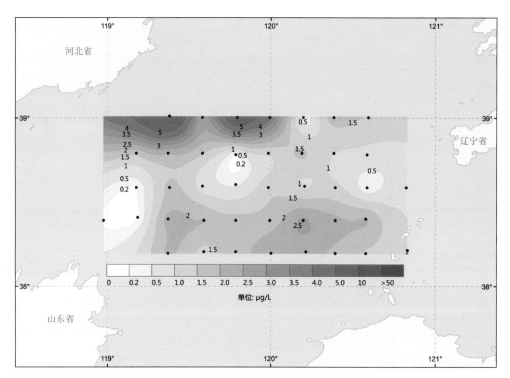

1-Pb（春季）

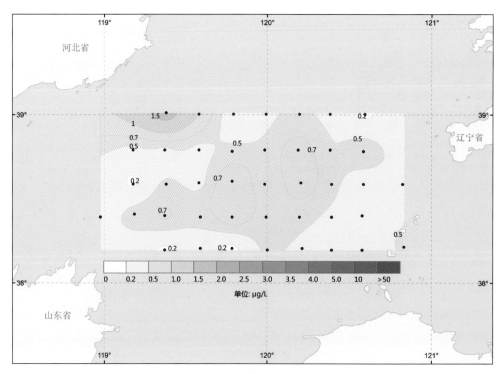

2-Pb（夏季）

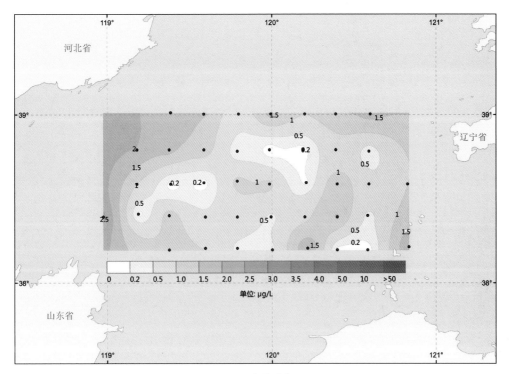

3-Pb（秋季）

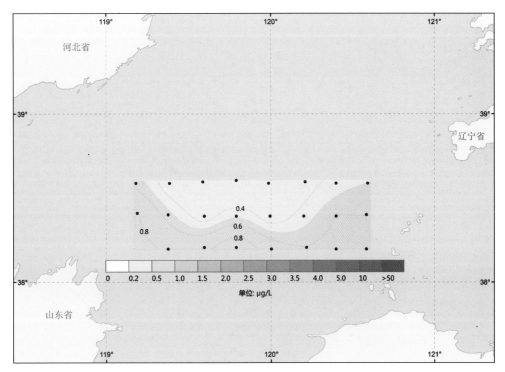

4-Pb（冬季）

3.1.14 Zn 分布图

3.1.14.1 表层

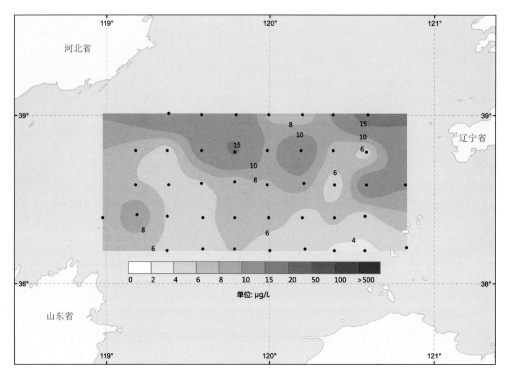

1-Zn（春季）

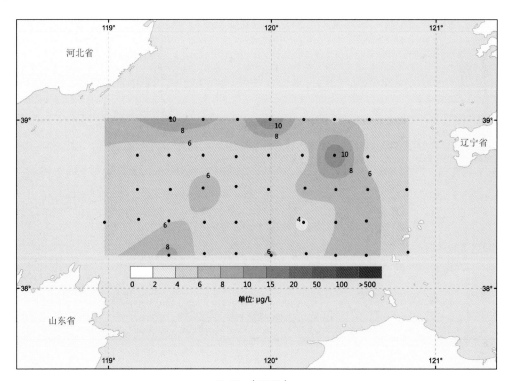

2-Zn（夏季）

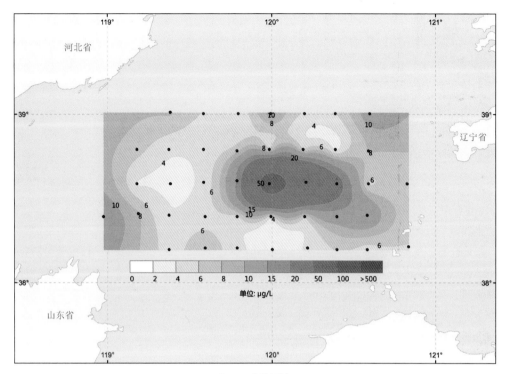

3-Zn（秋季）

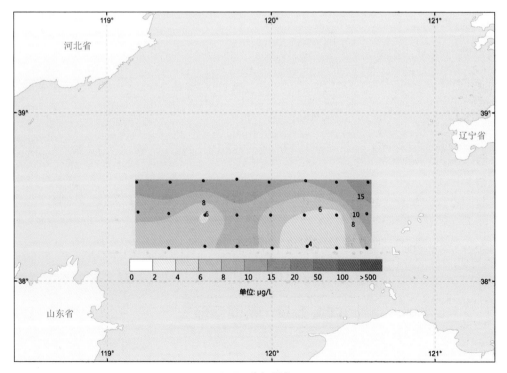

4-Zn（冬季）

3.1.14.2　中层

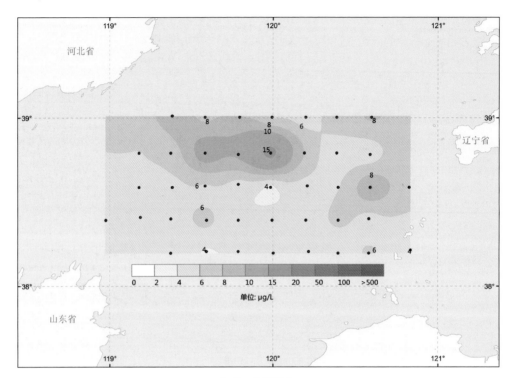

1-Zn（春季）

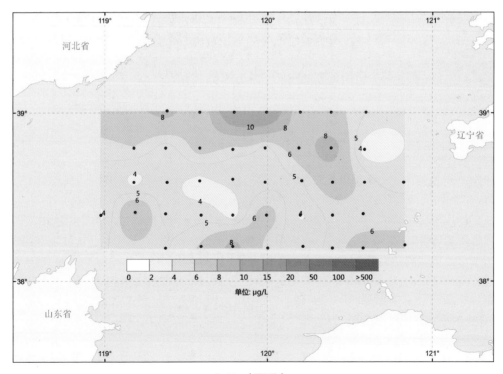

2-Zn（夏季）

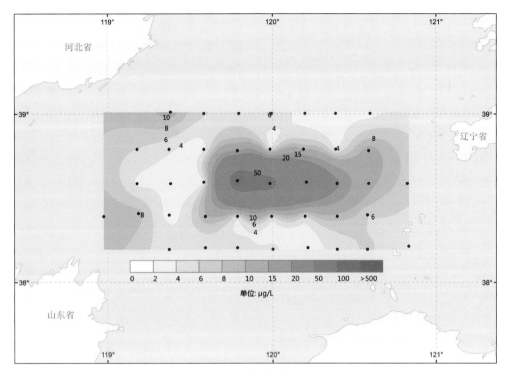

3-Zn（秋季）

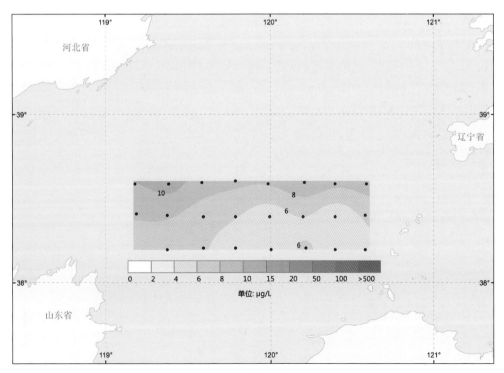

4-Zn（冬季）

3.1.14.3 底层

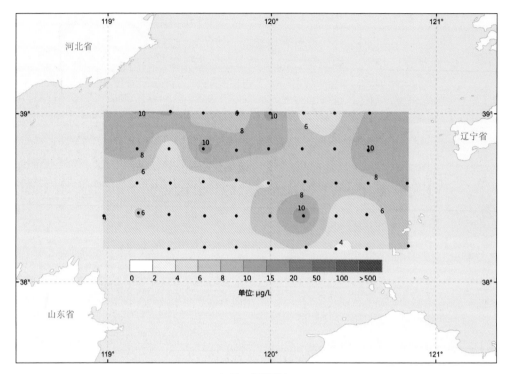

1-Zn（春季）

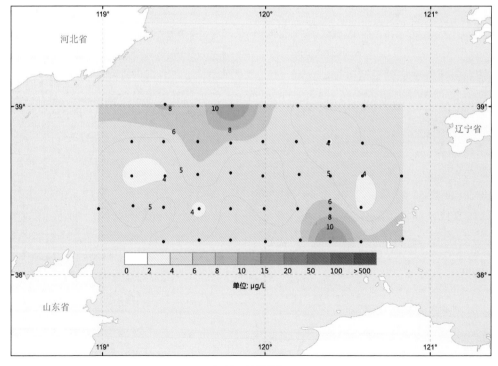

2-Zn（夏季）

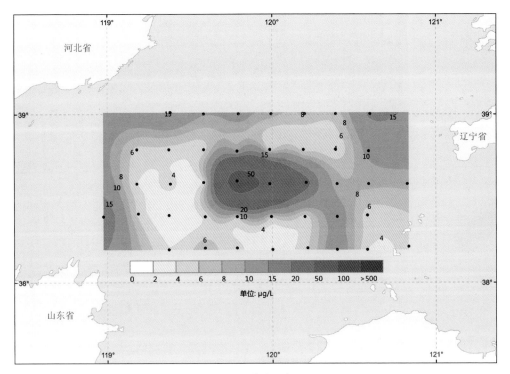

3-Zn（秋季）

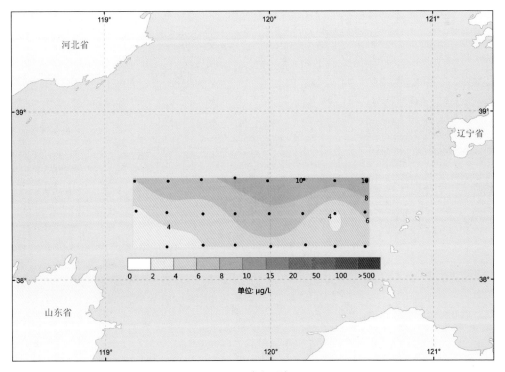

4-Zn（冬季）

3.1.15　Cd 分布图

3.1.15.1　表层

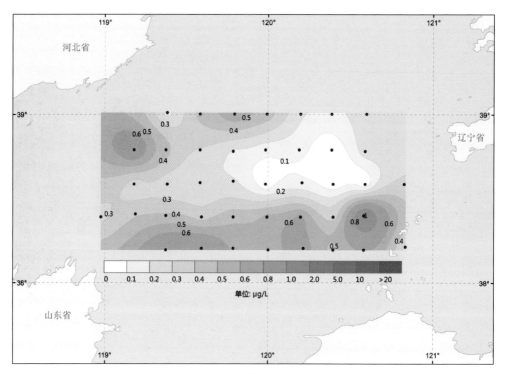

1-Cd（春季）

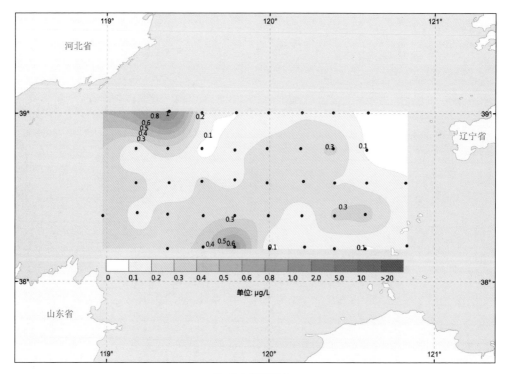

2-Cd（夏季）

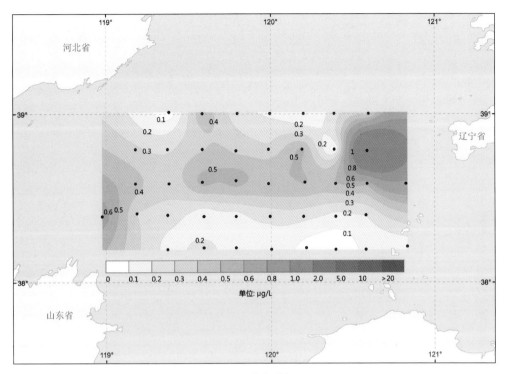

3-Cd（秋季）

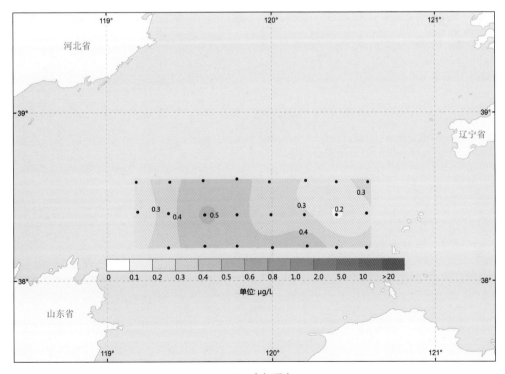

4-Cd（冬季）

3.1.15.2　中层

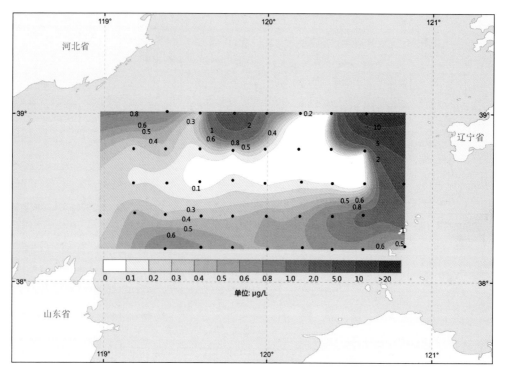

1-Cd（春季）

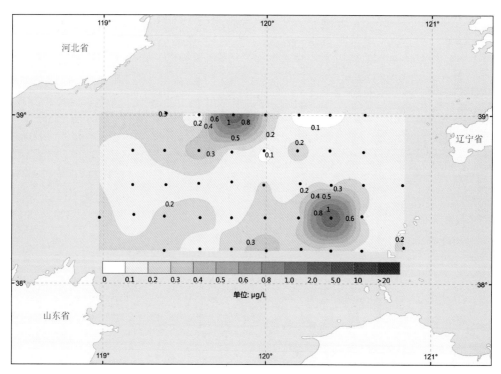

2-Cd（夏季）

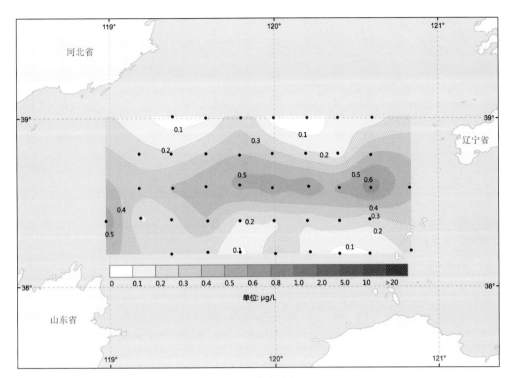

3-Cd（秋季）

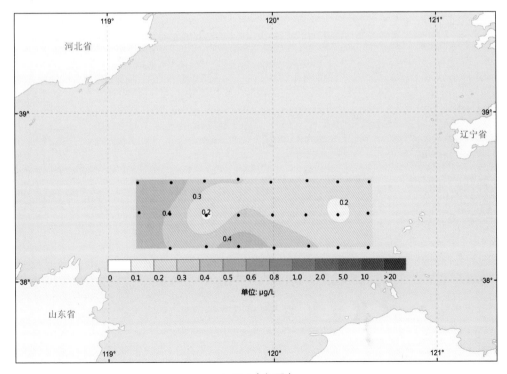

4-Cd（冬季）

3.1.15.3 底层

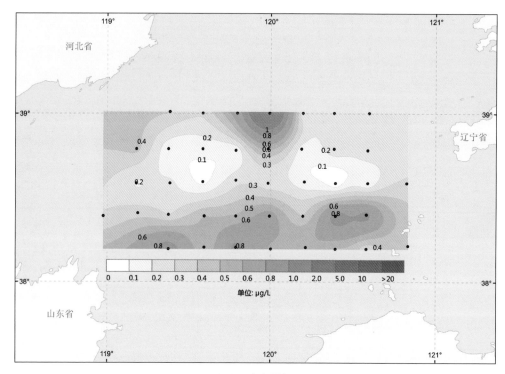

1-Cd（春季）

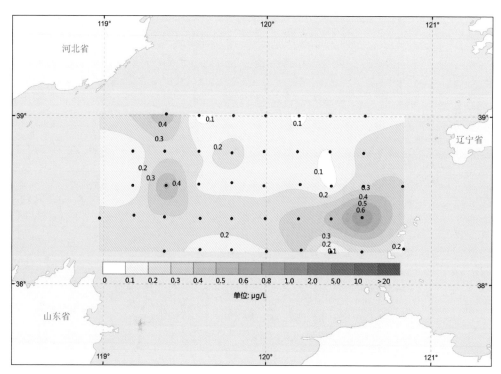

2-Cd（夏季）

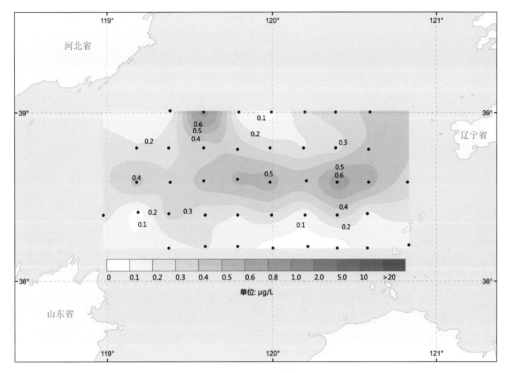

3-Cd（秋季）

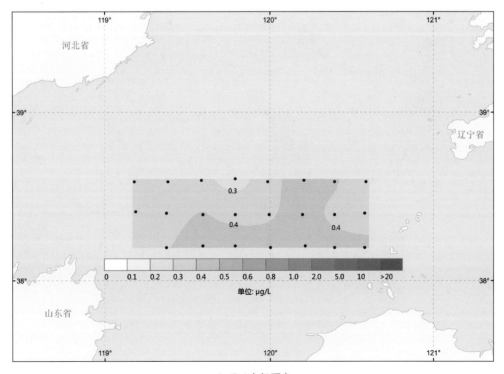

4-Cd（冬季）

3.1.16　Hg 分布图

3.1.16.1　表层

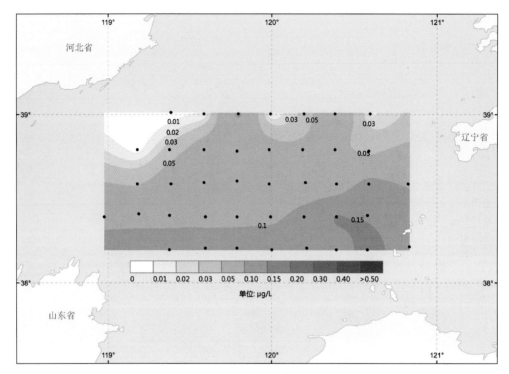

1-Hg（春季）

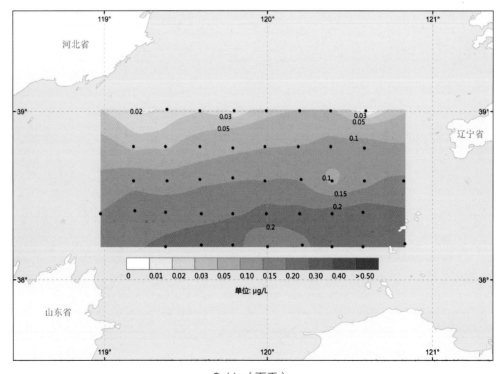

2-Hg（夏季）

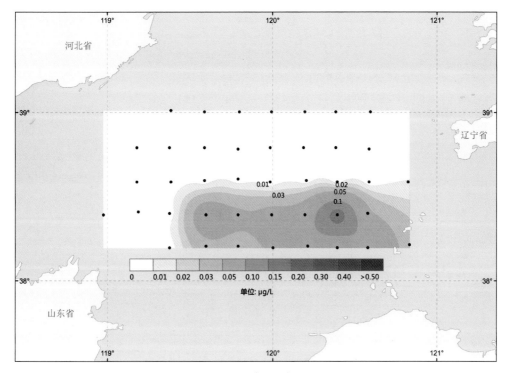

3-Hg（秋季）

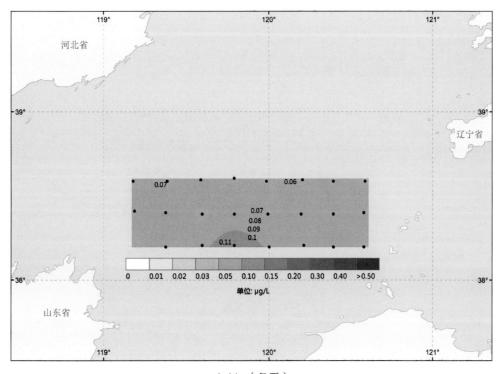

4-Hg（冬季）

3.1.16.2　中层

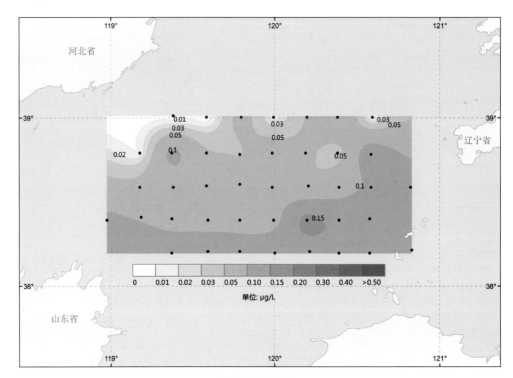

1-Hg（春季）

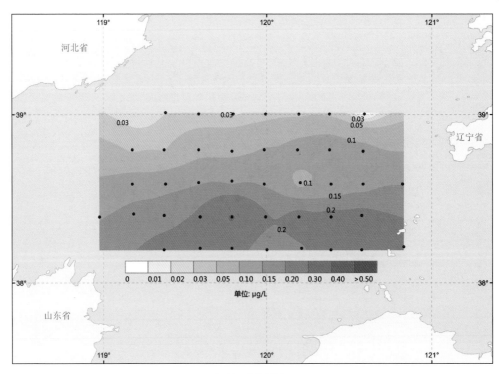

2-Hg（夏季）

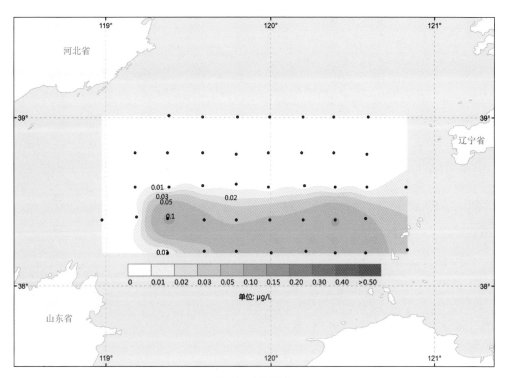

3-Hg（秋季）

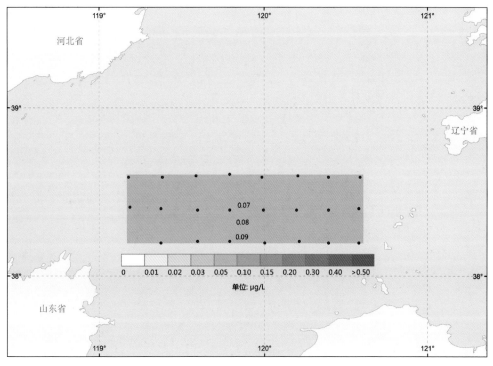

4-Hg（冬季）

3.1.16.3 底层

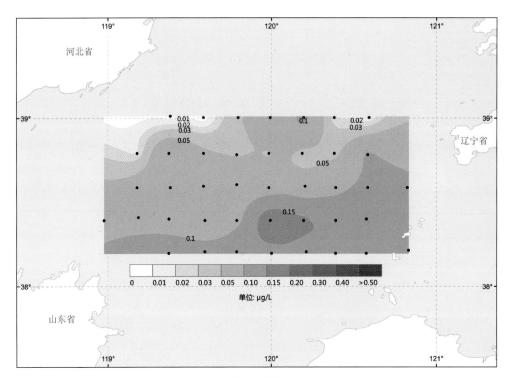

1-Hg（春季）

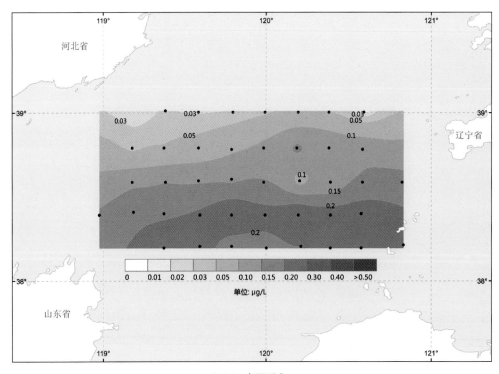

2-Hg（夏季）

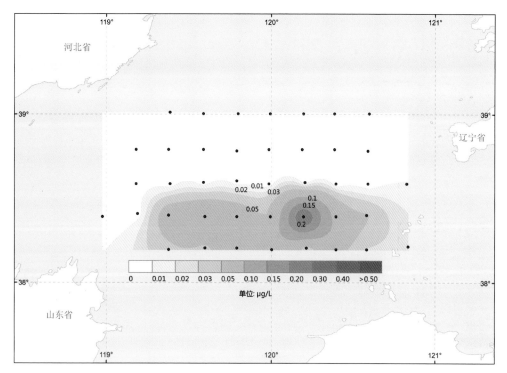

3-Hg（秋季）

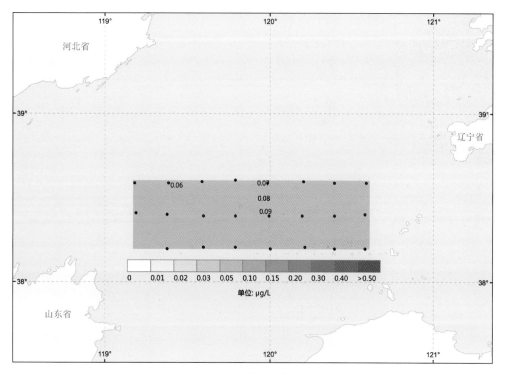

4-Hg（冬季）

3.1.17 As 分布图

3.1.17.1 表层

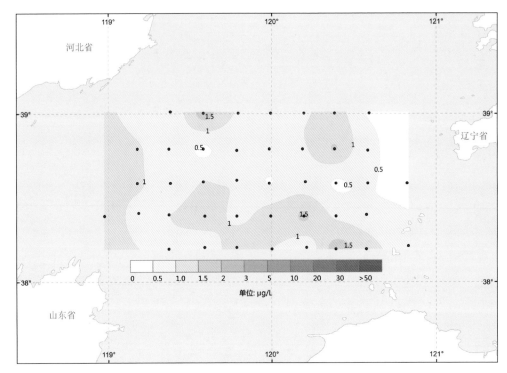

1-As（春季）

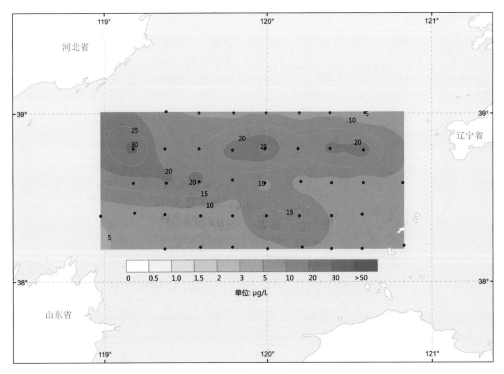

2-As（夏季）

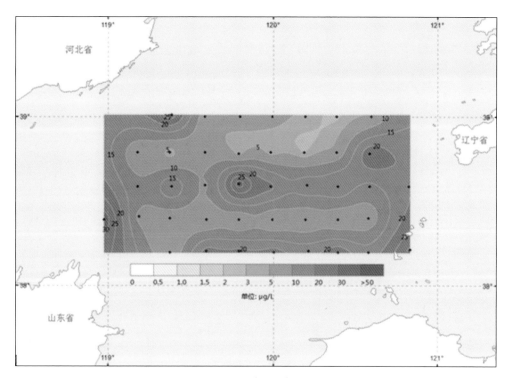

3-As（秋季）

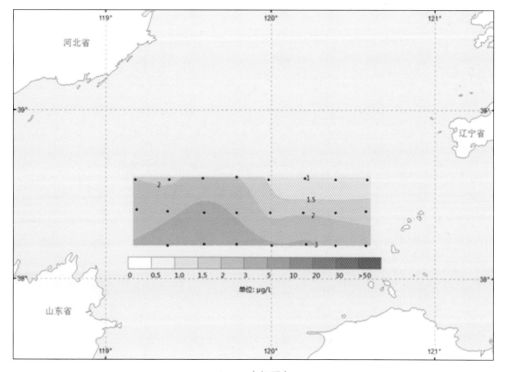

4-As（冬季）

3.1.17.2 中层

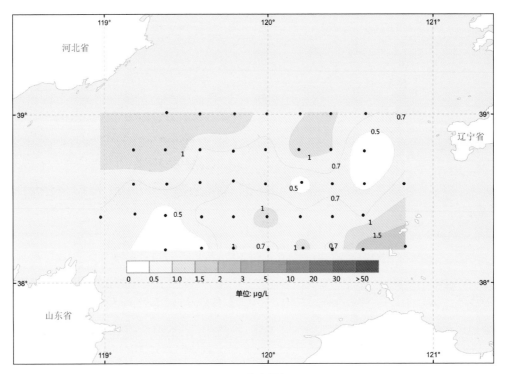

1-As（春季）

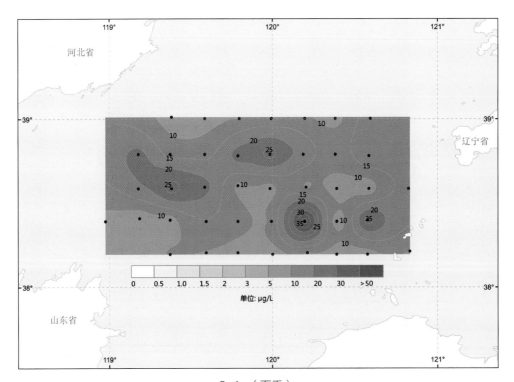

2-As（夏季）

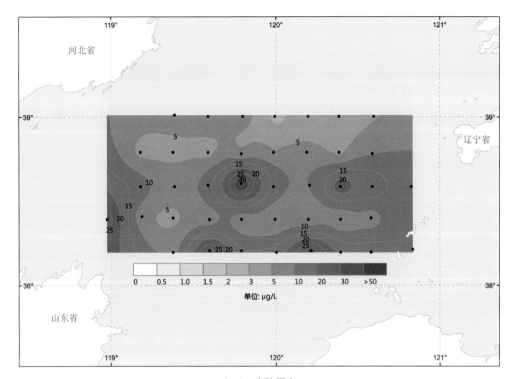

3-As（秋季）

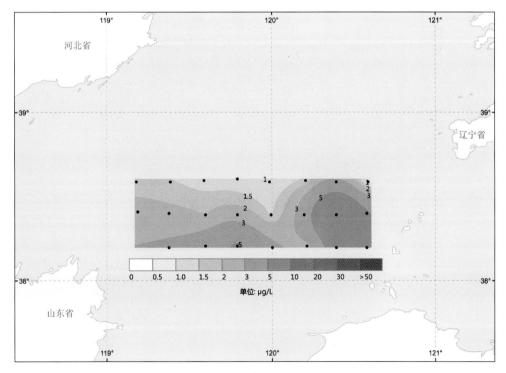

4-As（冬季）

3.1.17.3 底层

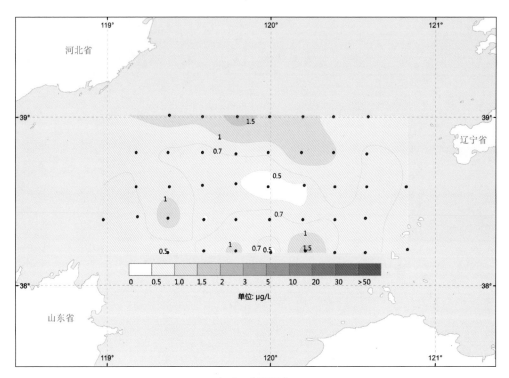

1-As（春季）

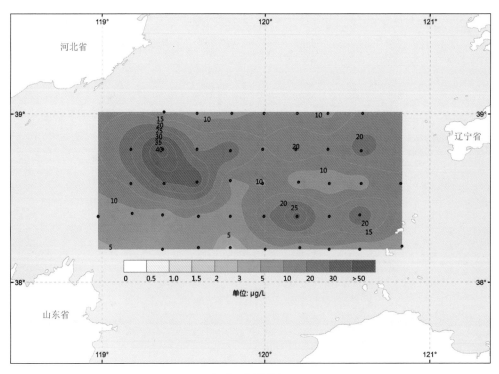

2-As（夏季）

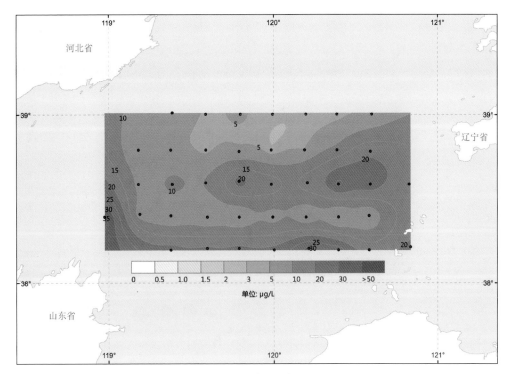

3-As（秋季）

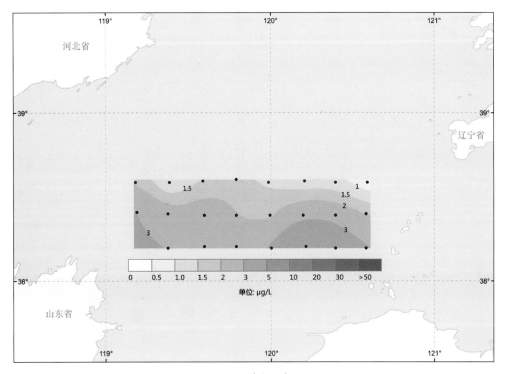

4-As（冬季）

3.2 沉积环境

3.2.1 石油类分布图

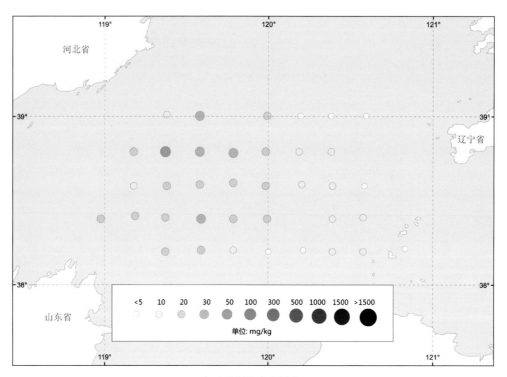

1- 石油类（春季）

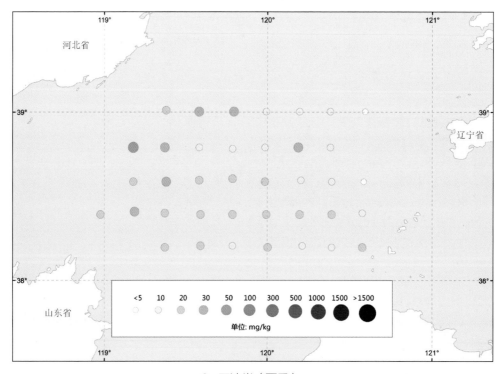

2- 石油类（夏季）

Distributions of eco-environmental monitoring factors in the central Bohai Sea in 2014

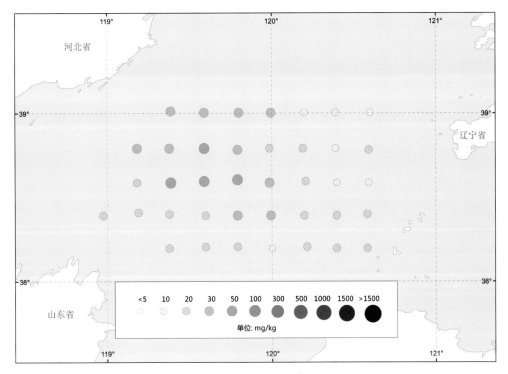

3- 石油类（秋季）

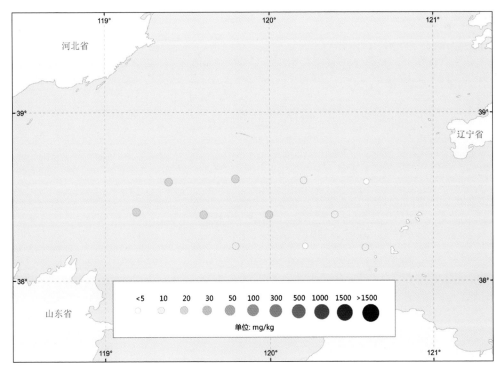

4- 石油类（冬季）

3.2.2　Cu 分布图

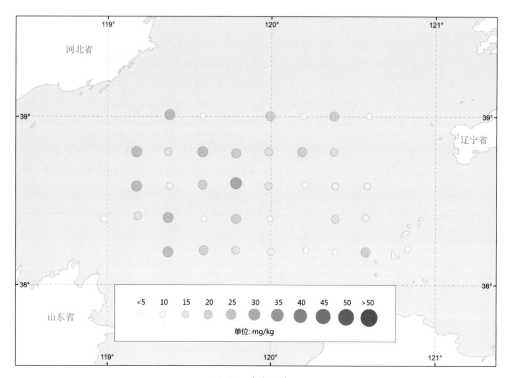

1-Cu（春季）

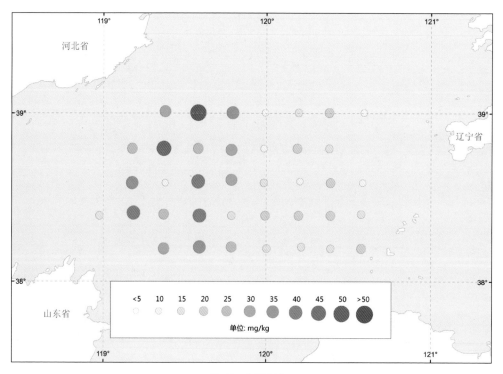

2-Cu（夏季）

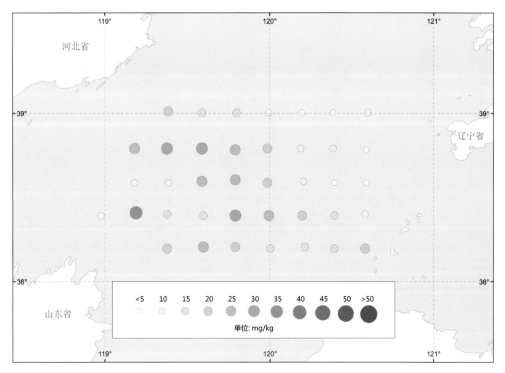

3-Cu（秋季）

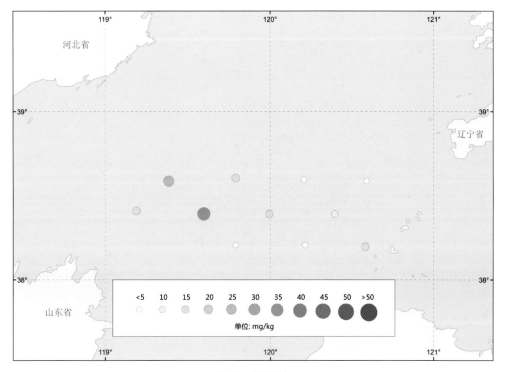

4-Cu（冬季）

3.2.3 Pb 分布图

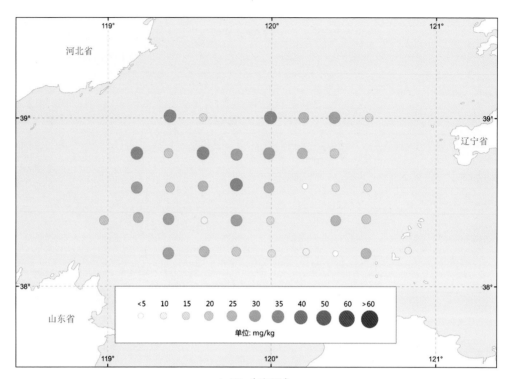

1-Pb（春季）

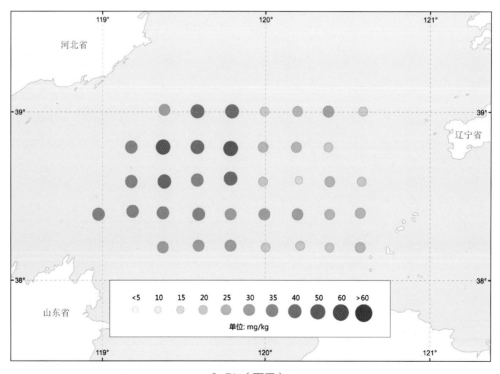

2-Pb（夏季）

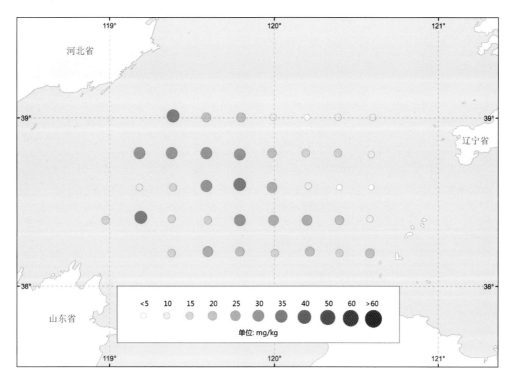

3-Pb（秋季）

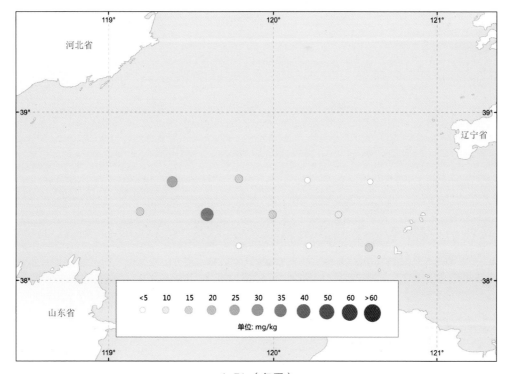

4-Pb（冬季）

3.2.4　Zn 分布图

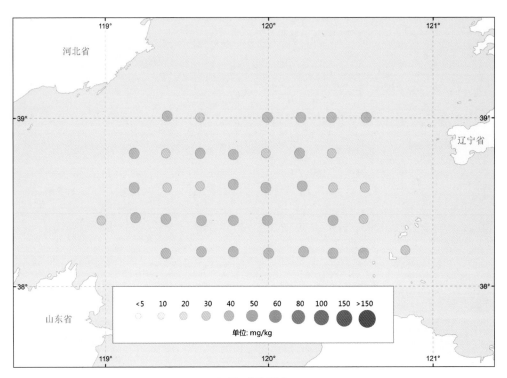

1-Zn（春季）

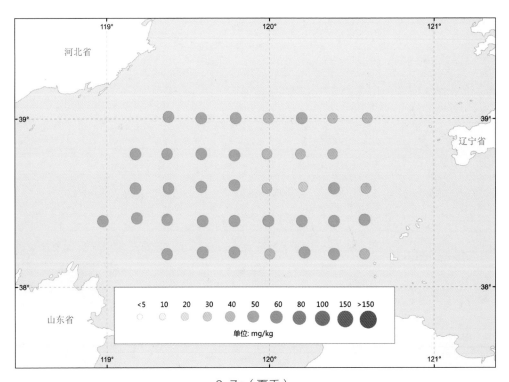

2-Zn（夏季）

Distributions of eco-environmental monitoring factors in the central Bohai Sea in 2014

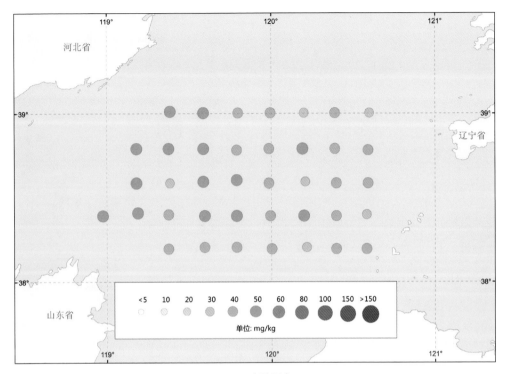

3-Zn（秋季）

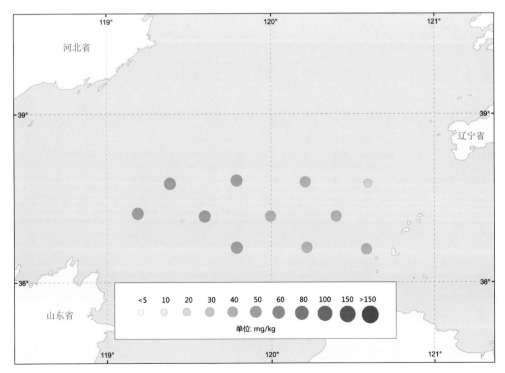

4-Zn（冬季）

3.2.5 Cd 分布图

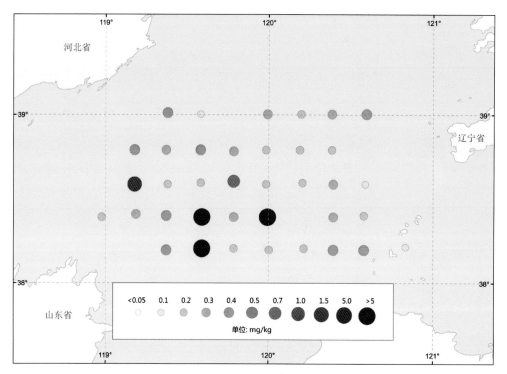

1-Cd（春季）

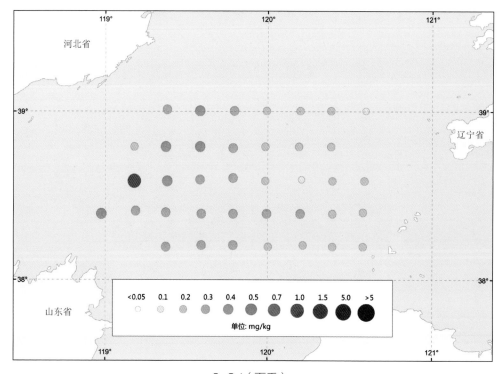

2-Cd（夏季）

Distributions of eco-environmental monitoring factors in the central Bohai Sea in 2014

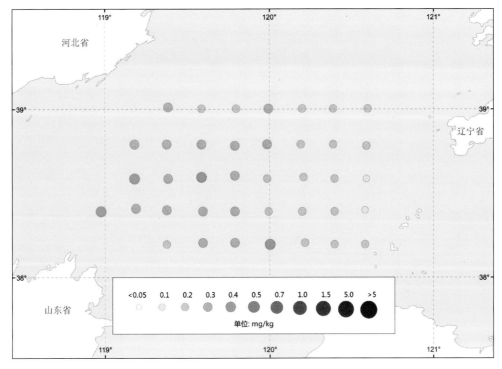

3-Cd（秋季）

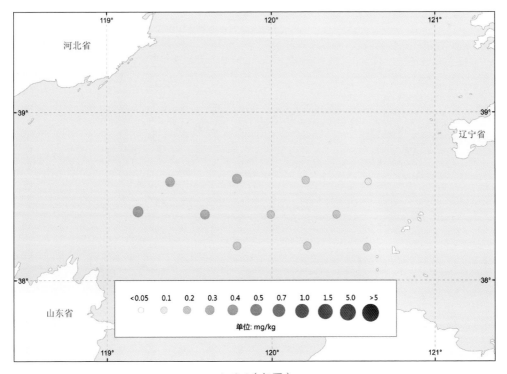

4-Cd（冬季）

3.2.6 Hg 分布图

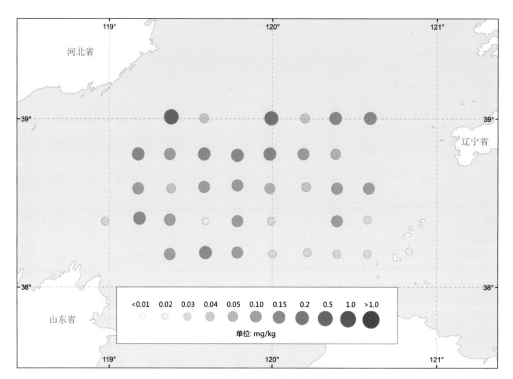

1-Hg（春季）

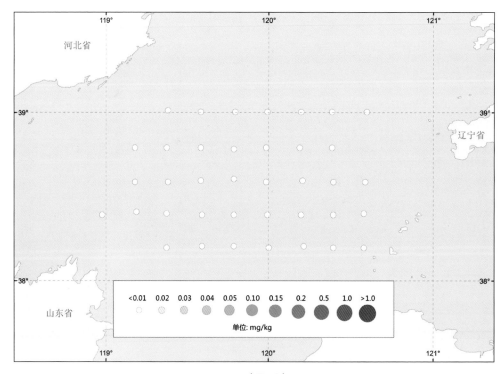

2-Hg（夏季）

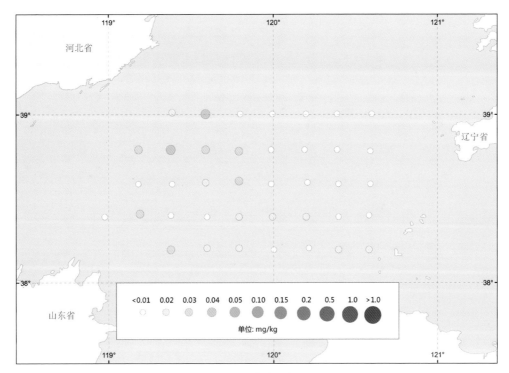

3-Hg（秋季）

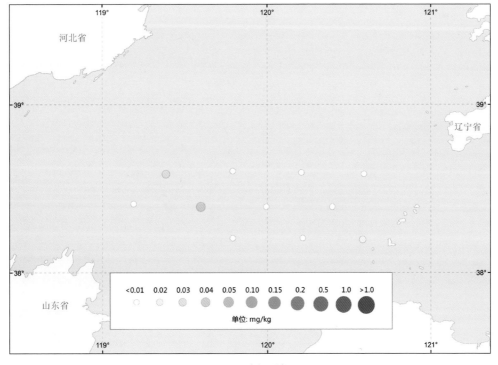

4-Hg（冬季）

3.2.7 As 分布图

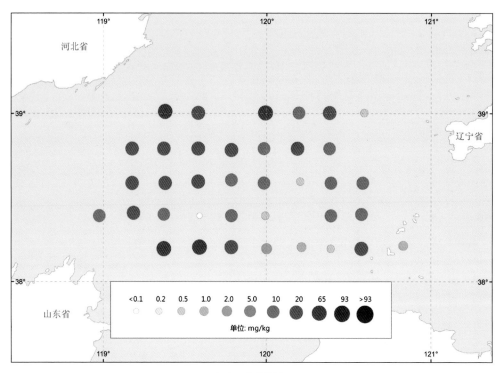

1-As（春季）

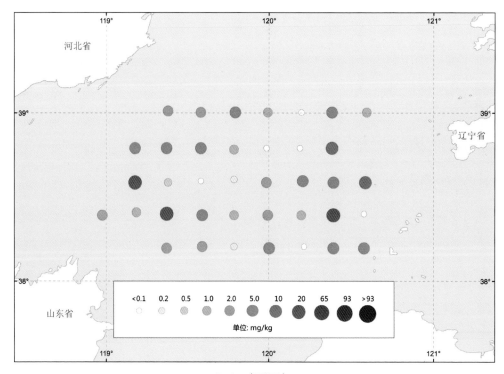

2-As（夏季）

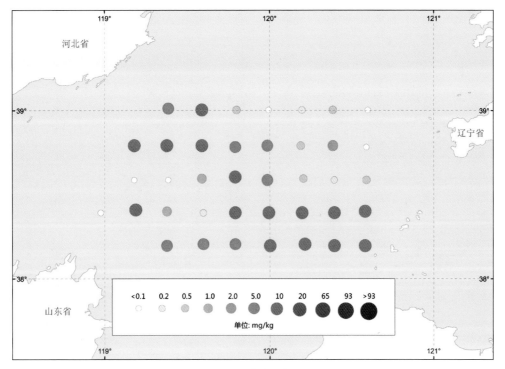

3-As（秋季）

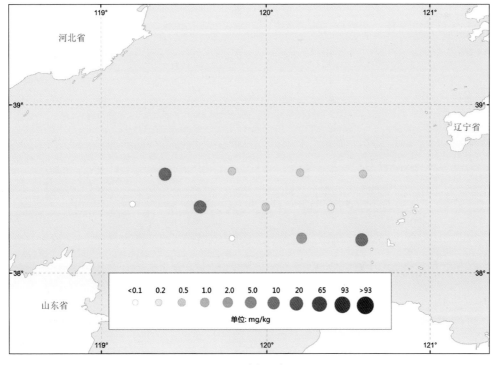

4-As（冬季）

3.3 生物环境

3.3.1 叶绿素分布图

3.3.1.1 表层

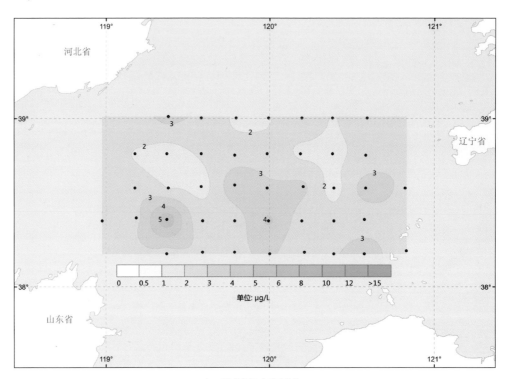

1- 叶绿素（春季）

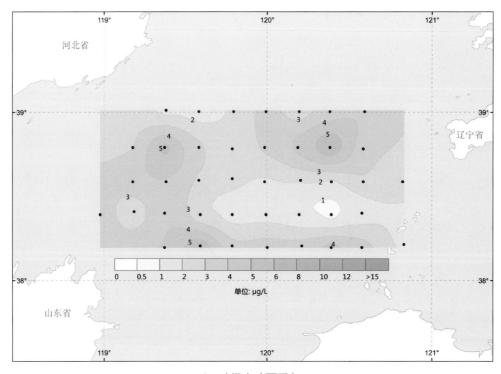

2- 叶绿素（夏季）

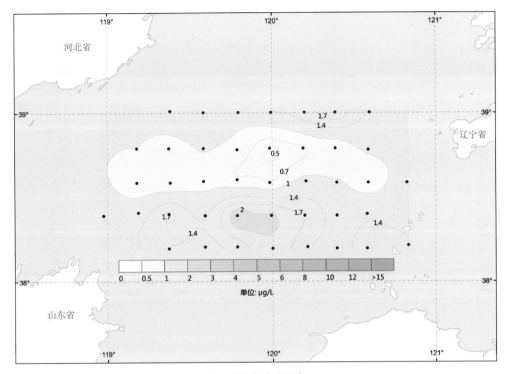

3- 叶绿素（秋季）

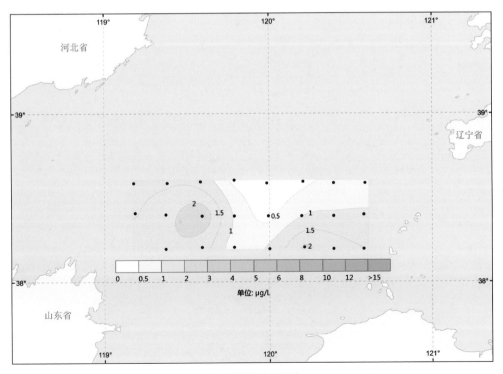

4- 叶绿素（冬季）

3.3.1.2 中层

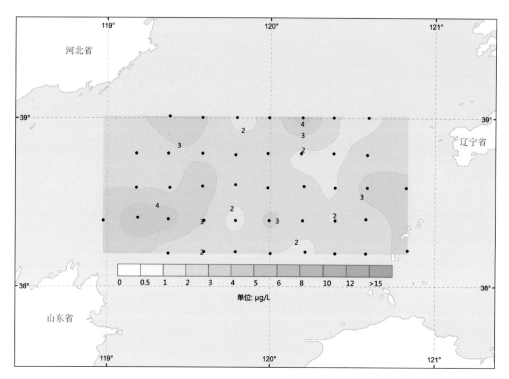

1- 叶绿素（春季）

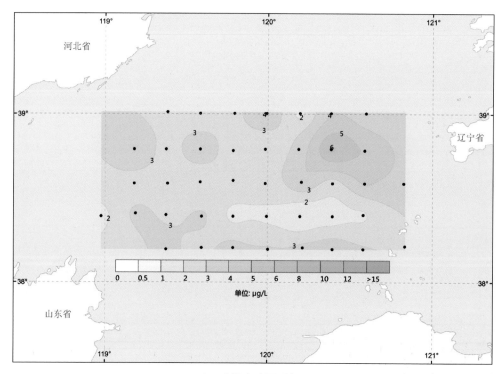

2- 叶绿素（夏季）

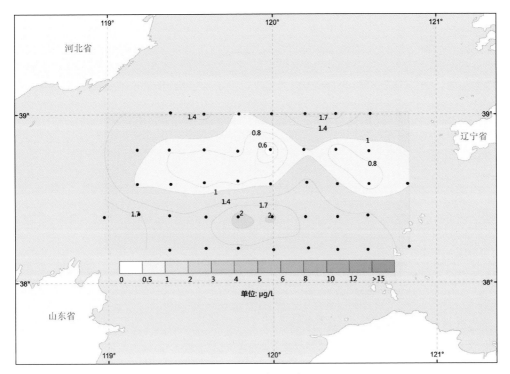

3- 叶绿素（秋季）

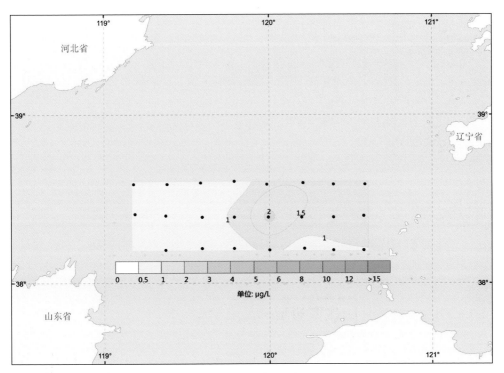

4- 叶绿素（冬季）

3.3.1.3 底层

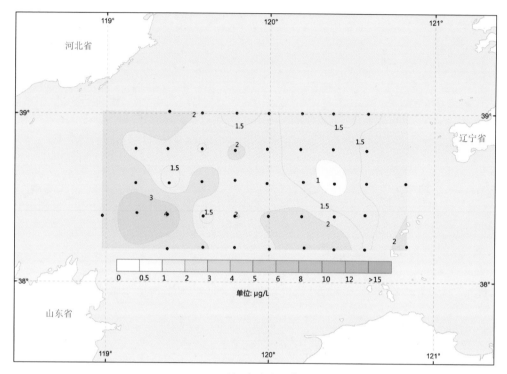

1- 叶绿素（春季）

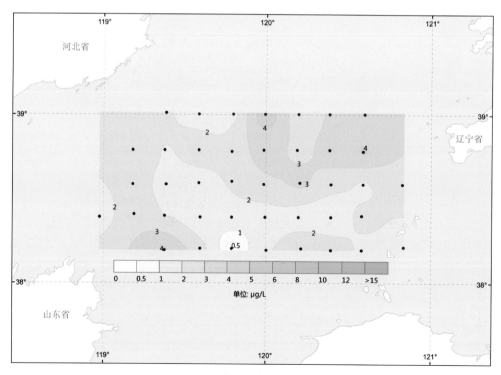

2- 叶绿素（夏季）

Distributions of eco-environmental monitoring factors in the central Bohai Sea in 2014

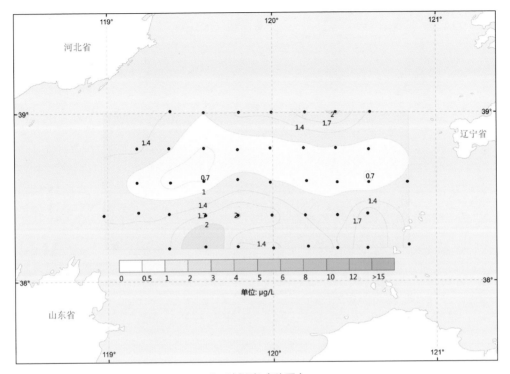

3- 叶绿素（秋季）

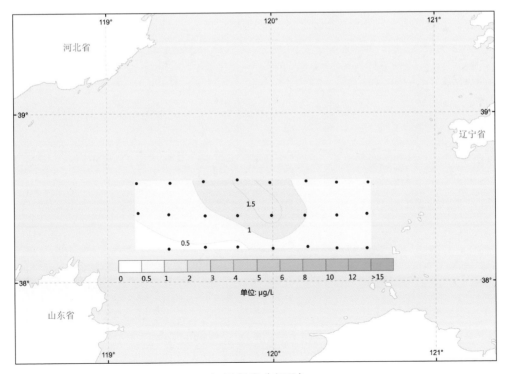

4- 叶绿素（冬季）

3.3.2 浮游植物丰度分布图

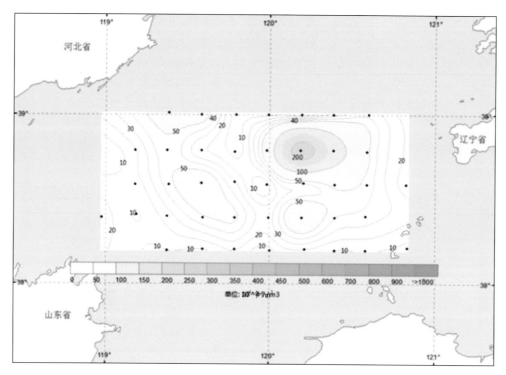

1- 丰度（春季）

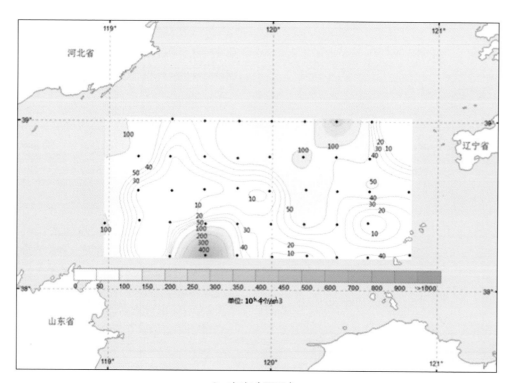

2- 丰度（夏季）

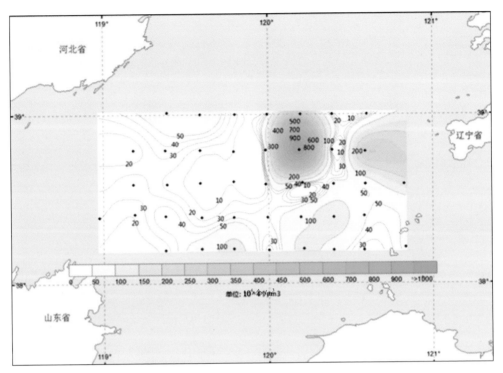

3- 丰度（秋季）

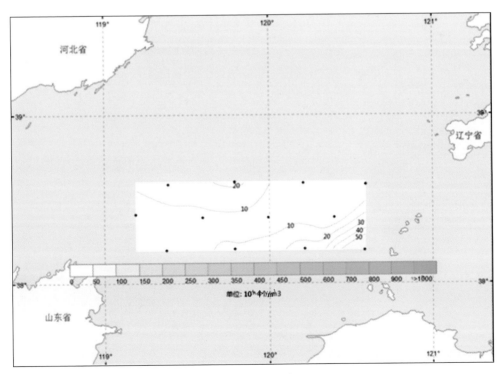

4- 丰度（冬季）

3.3.3 浮游动物分布图

3.3.3.1 丰度

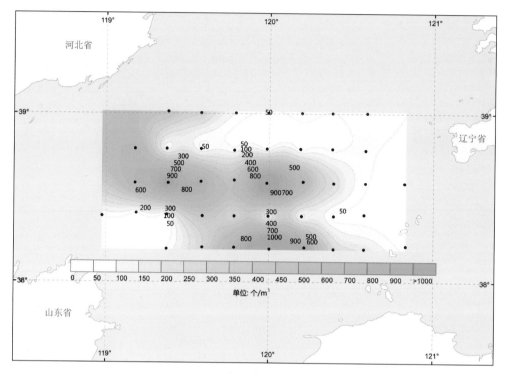

1- 丰度（春季）

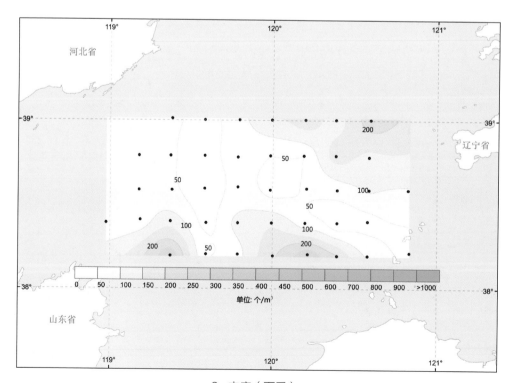

2- 丰度（夏季）

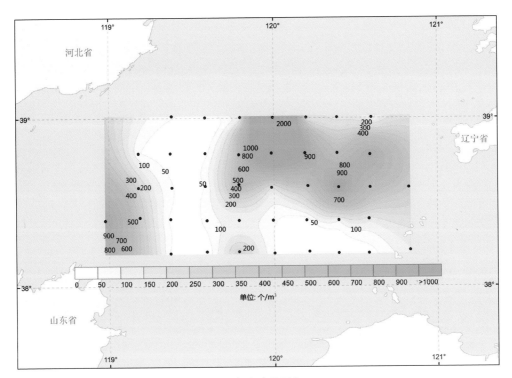

3- 丰度（秋季）

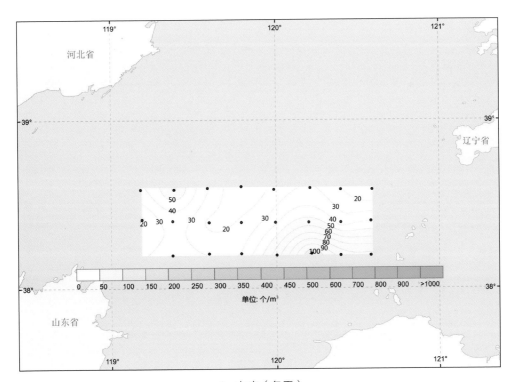

4- 丰度（冬季）

3.3.3.2 生物量

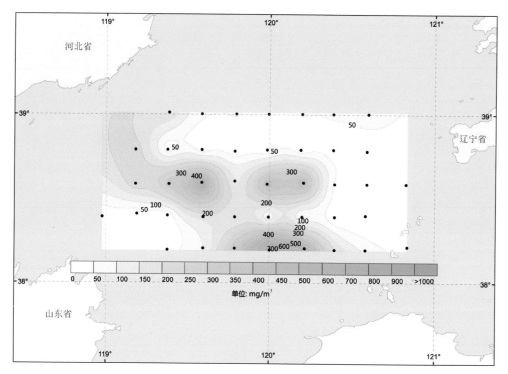

1- 生物量（春季）

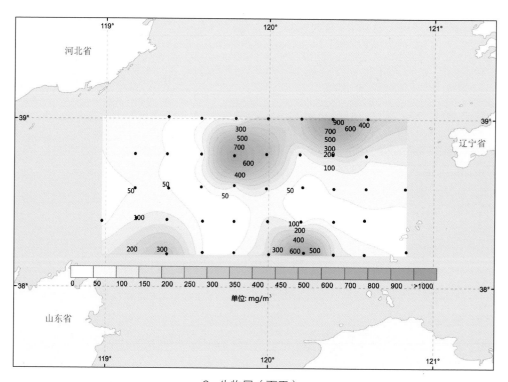

2- 生物量（夏季）

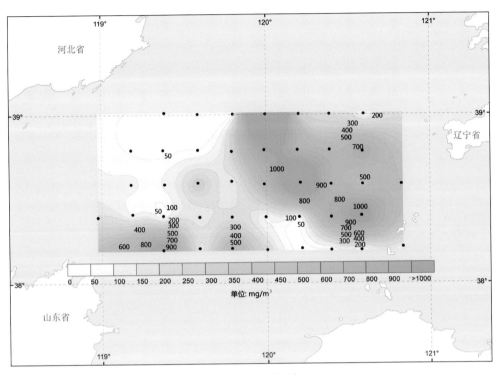

3- 生物量（秋季）

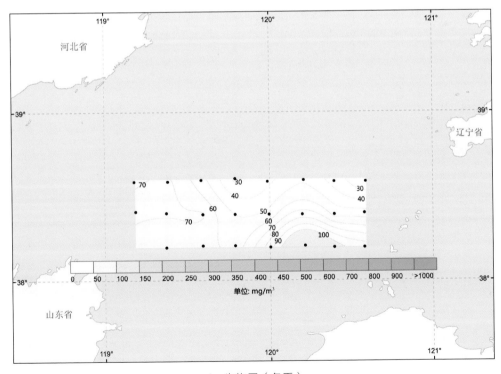

4- 生物量（冬季）

3.3.3.3　多样性

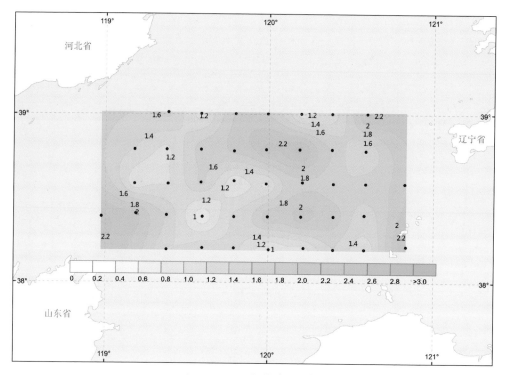

1-Margalef 指数（春季）

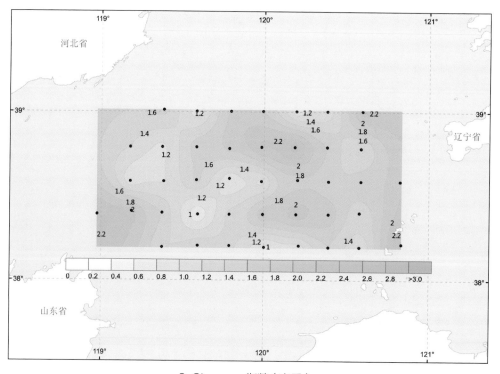

2-Shannon 指数（春季）

Distributions of eco-environmental monitoring factors in the central Bohai Sea in 2014

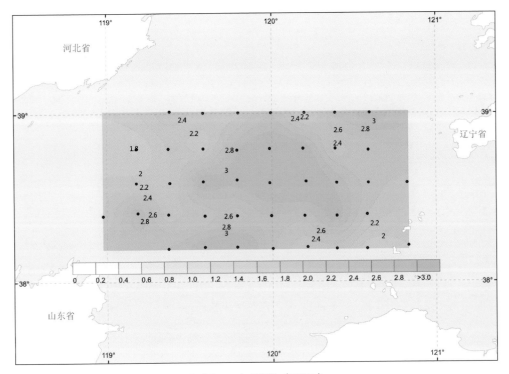

3-Margalef 指数（夏季）

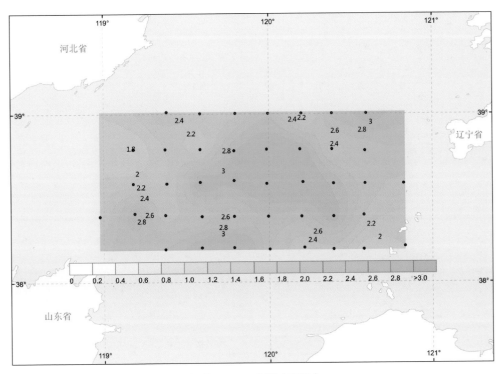

4-Shannon 指数（夏季）

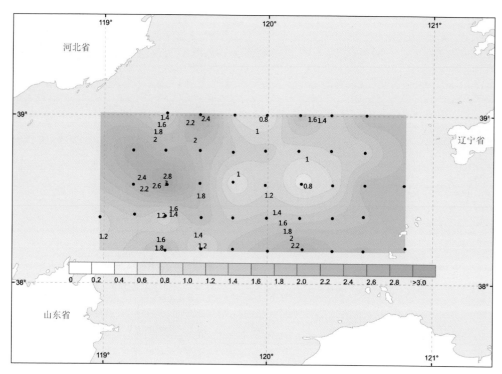

5-Margalef 指数（秋季）

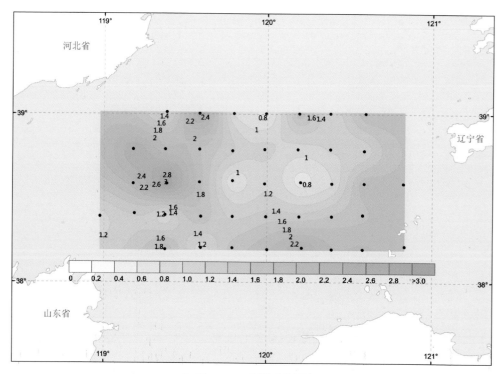

6-Shannon 指数（秋季）

Distributions of eco-environmental monitoring factors in the central Bohai Sea in 2014

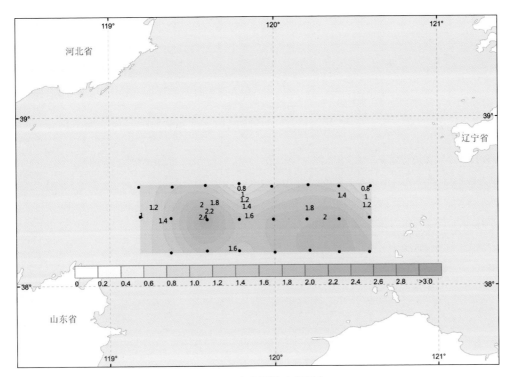

7-Margalef 指数（冬季）

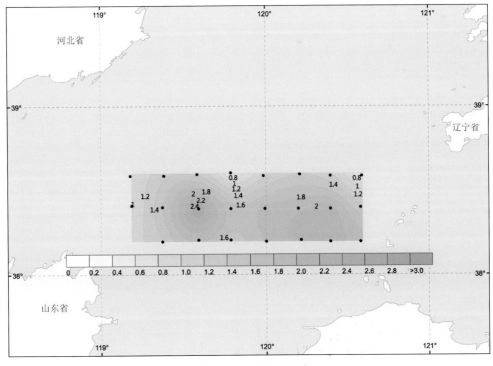

8-Shannon 指数（冬季）

附图

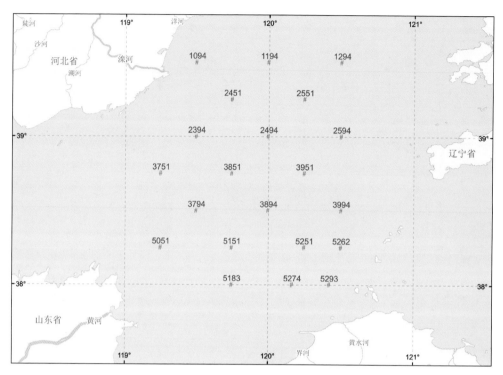

图 1 2012 年渤海中部调查站位

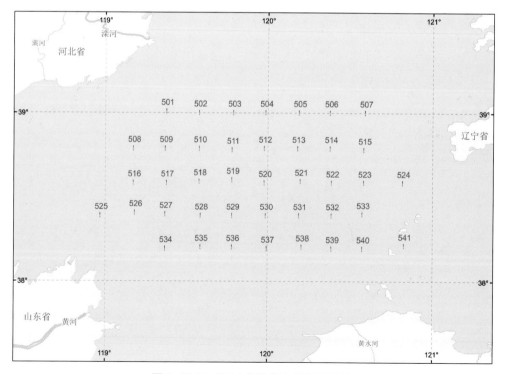

图 2 2013~2014 年渤海中部调查站位